インドネシアの
アグリビジネス改革

輸出指向農業開発と農民

賴 俊輔

日本経済評論社

目次

序章　課題と分析視角……………………………………………………… 1

  1．問題意識 ………………………………………………………………… 1

  2．経済危機後のインドネシア経済……………………………………… 2

  3．危機後のインドネシア経済の評価…………………………………… 5

  4．本書の目的……………………………………………………………… 9

  5．分析視角の設定……………………………………………………… 11

    (1)　グローバリゼーションと農業政策　13

    (2)　一次産品開発とGVC論　16

    (3)　資源依存型地域開発の持続可能性　18

  6．本書の構成…………………………………………………………… 20

第1章　構造改革の展開と農業部門……………………………………… 27

  1．構造調整政策と農業部門…………………………………………… 27

    (1)　構造調整政策の実施　27

    (2)　税制改革　28

    (3)　農業部門の輸出指向化　31

  2．IMFプログラムによる経済構造改革……………………………… 33

    (1)　経済危機の発生　33

    (2)　IMFプログラムと緊縮財政　37

    (3)　国際収支の動向　39

    (4)　税制の動向　43

  3．農業部門のアグリビジネス化……………………………………… 44

　　　　(1)　アグリビジネス改革の進展　44
　　　　(2)　貿易の自由化とプランテーション開発　46
　　まとめ………………………………………………………………………… 47

第2章　緊縮財政と米価安定政策の縮小……………………………………… 51

　　1.　BULOG の米価安定政策と食糧自給の達成………………………… 51
　　　　(1)　コメ政策の展開：コメ自給の達成まで　51
　　　　(2)　BULOG による米価安定政策　53
　　　　(3)　米価安定政策と KLBI 融資　56
　　2.　構造調整政策と米価安定政策の縮小………………………………… 58
　　　　(1)　コメ自給政策から趨勢自給政策へ　58
　　　　(2)　経済危機と構造改革　60
　　　　(3)　KLBI の廃止と米価安定政策の縮小　61
　　3.　米価安定政策縮小の帰結……………………………………………… 63
　　　　(1)　経済危機下の米価　63
　　　　(2)　生産者米価への低下圧力　65
　　　　(3)　流通業者の存在の高まり　66
　　　　(4)　IMF プログラムと米作農家　67
　　まとめ………………………………………………………………………… 68

第3章　水資源政策の展開と米作農家………………………………………… 73

　　1.　コメ自給達成以降の灌漑政策の縮小………………………………… 73
　　　　(1)　灌漑政策の展開とコメ自給の達成　73
　　　　(2)　構造調整による灌漑政策の縮小　76
　　　　(3)　財政負担の軽減と灌漑賦課金の導入　77
　　　　(4)　経済危機と WATSAL の開始　78
　　　　(5)　水資源法の制定　79
　　2.　ボトル水市場の拡大と多国籍飲料水企業の参入…………………… 82

(1)　拡大するボトル水市場　82
　　　(2)　多国籍飲料水企業の参入　84
　　　(3)　飲料水詰め替え業への規制　85
　3．クラテン県における多国籍飲料水企業の取水活動と
　　　米作農家……………………………………………………………… 86
　　　(1)　多国籍飲料水企業の進出と灌漑用水の減少　86
　　　(2)　水不足と作付け回数の減少　89
　　　(3)　米作のための地下水の汲み上げと収益の圧迫　93
　　　(4)　企業誘致を優先する自治体　95
　まとめ…………………………………………………………………… 96

第4章　パーム油関連部門への国内外資本の展開……………… 101
　1．農園開発の歴史……………………………………………………… 101
　　　(1)　植民地政策とプランテーション開発　101
　　　(2)　独立後の農園開発　104
　2．パーム油市場の動向………………………………………………… 106
　　　(1)　パーム油の基本的特徴　106
　　　(2)　パーム油生産・消費の現状　110
　　　(3)　バイオ・ディーゼルの原料として　113
　3．パーム油部門政策の動向…………………………………………… 115
　　　(1)　アブラヤシ農園開発への支援　115
　　　(2)　パーム油輸出への支援　116
　4．大規模農園企業主導の農園開発…………………………………… 117
　　　(1)　農園の保有構造　117
　　　(2)　大規模農園企業の事業展開　119
　5．原料供出地としてのアブラヤシ農園開発………………………… 122
　　　(1)　低付加価値のままのパーム油輸出　122
　　　(2)　多国籍アグリビジネス企業による原料調達戦略　124

まとめ ……………………………………………………………… 126

第5章　アブラヤシ農園開発と地域社会……………………………… 131

1. 民間企業重視の中核農園システムへの変容…………………… 131
   (1) 中核農園システムの成立と展開　131
   (2) 民間企業主導の中核農園システム　134
2. 小農によるアブラヤシ農園経営の現状………………………… 135
   (1) 移民による入植　135
   (2) 小農による農園の経営方法　137
   (3) 小農の経営状況　139
3. 農園開発と地域社会の変貌……………………………………… 143
   (1) 土地所有権制度の変遷　143
   (2) 土地紛争　144
   (3) 土地の集約　147
   (4) 社会情勢と治安　149

まとめ ……………………………………………………………… 150

第6章　プランテーション開発と環境問題…………………………… 155

1. 地方分権とプランテーション開発……………………………… 155
   (1) 地方分権改革の概要　155
   (2) 地方への権限の委譲と歳入分与の増額　156
   (3) 資源開発の促進　158
2. 熱帯林の消失と環境への影響…………………………………… 160
   (1) 拡大するプランテーション　160
   (2) 生態系への影響　161
   (3) 河川への影響　162
3. 泥炭地の開発と地球温暖化問題………………………………… 163
4. RSPOの設立と今後の展望……………………………………… 165

　　　　まとめ………………………………………………………………… 167
終章　資源依存型開発を越えて………………………………………… 171

参考文献………………………………………………………………… 179
あとがき………………………………………………………………… 190
索引……………………………………………………………………… 195

略語一覧

ADB: Asian Development Bank（アジア開発銀行）
AFTA: ASEAN Free Trade Area（アセアン自由貿易圏）
AMDAL: Analisis Mengenai Dampak Lingkungan（環境影響評価）
ASEAN: Association of South East Asian Nations（東南アジア諸国連合）
ASPADIN: Asosiasi Perusahaan Air Minum Dalam Kemasan Indonesia（インドネシアボトル入り飲料水企業協会）
Bappenas: Badan Perencanaan Pembangunan Nasional（インドネシア国家開発計画庁）
BKPM: Badan Koordinasi Penanaman Modal（インドネシア投資調整庁）
BPS: Badan Pusat Statistik（インドネシア中央統計局）
BRI: Bank Rakyat Indonesia（インドネシア国民銀行）
Bukopin: Bank Umum Kooperasi Indonesia（インドネシア協同組合銀行）
BULOG: Badan Urusan Logistik（食糧調達庁）
CPO: Crude Palm Oil（パーム原油）
DAU: Dana Alokasi Umum（一般配分金）
DAK: Dana Alokasi Khusus（特別配分金）
DOLOG: Depot Logistik（州食糧調達事務所）
FELDA: Federal Land Development Authority（マレーシア連邦土地開発庁）
FFB: Fresh Fruit Bunch（アブラヤシ果房）
GAPKI: Gabungan Pengusaha Kelapa Sawit Indonesia（インドネシアパーム油生産者協会）
GVC: Global Value Chain（グローバル・バリュー・チェーン）
HGU: Hak Guna Usaha（土地開発権）
HPB: Harga Pokok Beras（基準米価）
IBRA: Indonesia Bank Restructuring Agency（インドネシア銀行再編庁）
IMF: International Monetary Fund（国際通貨基金）
INPRES: Instruksi Presiden（開発補助金）
IOMP: Irrigation Operation and Management Policy（灌漑施設維持管理政策）
IPAIR: Iuran Pelayanaan Irigasi（灌漑賦課金）
KKN: Korupusi, Kolusi, Nepotisme（汚職，癒着，縁故）
KKP: Kredit Ketahanan Pangan（食糧保障融資）

KKPA: Kredit kepada Koperasi Primer untuk Anggotanya（組員用協同組合融資）
KLBI: Kredit Likuiditas Bank Indonesia（中央銀行流動性融資）
KOLOGNAS: Komando Logistik Nasional（国家兵站司令部）
KPB: Kantor Pemasaran Bersama（共同流通機関）
KPPU: Komisi Pengawas Persaingan Usaha（インドネシア事業競争監視委員会）
KUD: Koperasi Unit Desa（村落協同組合）
KUT: Kredit Usaha Tani（農業経営融資）
LKMD: Lembaga Ketahanan Masyarakat Desa（村落保全委員会）
P3A: Perkumpulan Petani Pemakai Air（水利組合）
PDAM: Perusahaan Daerah Air Minum（地方水道公社）
PIR: Perkebunan Inti Rakyat（中核農園システム）
PKO: Palm Kernel Oil（パーム核油）
PTPN: PT Perkebunan Nusantara（インドネシア国営農園会社）
Raskin: Beras untuk Rakyat Miskin（低価格供給米）
RBD: Refined, Bleached and Deodorized Palm Oil（精製・漂白・脱臭パーム油）
RSPO: Roundtable on Sustainable Palm Oil（持続可能なパーム油のための円卓会議）
SBI: Sertifikat Bank Indonesia（インドネシア中央銀行債）
SDO: Subsidi Daerah Otonomi（地方自治補助金）
VOC: Vereenigde Oost-Indische Compagnie（オランダ東インド会社）
WATSAL: Water Sector Structural Adjustment Loan（水資源部門構造調整融資）
WTO: World Trade Organization（世界貿易機関）

序章
課題と分析視角

1. 問題意識

　近年,新興国・途上国はめざましい経済成長を遂げている．BRICs（ブラジル,ロシア,インド,中国）やVISTA（ベトナム,インドネシア,南アフリカ,トルコ,アルゼンチン）と呼ばれるように,これらの国は,低賃金労働力,豊富な天然資源,拡大する消費市場,政治的安定性,財政の健全性などを有し,世界の投資家から大きな注目を浴びている．いまや新興国およびその他の途上国は,世界経済の成長の半分を占め,リーマン・ショック後の世界貿易の回復に大きく貢献し,かつてのように先進国から援助を受け取るだけの存在ではなく,先進国にとってますます貿易や投資の相手国として認識されるようになってきている．新興国の存在感の高まりによって,世界経済は多極化しつつある[1]．

　本書の研究対象国であるインドネシアは,2億2,000万人の人口を抱え,東西約5,000キロメートルに広がる広大な国土にはさまざまな森林資源や海洋資源が存在しており,これらの資源を目当てに海外からの投資が続いている．1997年のアジア通貨危機によって大量の資本が海外に流出し,多くの銀行が倒産・閉鎖に追い込まれるなど経済は混乱に陥ったが,その後は通貨価値の安定や物価の安定を目的とした政策が実施され,現在では安定した経済成長を達成するに至っている．とくに,インフレ率の低下や金利の引き下げ効果による中間層の消費拡大が顕著で,首都ジャカルタのような都市部で

は大規模なショッピングモールや高級マンションなどの建設が相次いでいる．また，投機資金の先物市場への流入と中国やインドなどの高成長を続ける新興国での実需の増大によって，原油をはじめとする一次産品の国際価格が高騰し，原油・天然ガス，石炭，鉄鉱石，銅，ニッケルなどの鉱物資源の輸出額が伸びている[2]．こうした好調な経済状況を反映して，債券市場や株式市場に対する海外からの短期資本の流入が続いている．経済危機以降，政府は緊縮財政，貿易・投資の自由化といった市場原理にもとづくIMFプログラムを実施してきており，マクロ経済指標の改善はこうした経済構造改革によってもたらされたと考えられる．

しかし，好調さを裏付けるマクロ指標とは別に，多くの市民が厳しい生活を強いられている状況に変化はない[3]．農村に目を移せば，主要作物であるコメの買い上げ政策の縮小や農家への補助金の削減などにより米作農家の経営が向上する兆しは見えず，貧困者が生み出される一方，建設ラッシュが続く大都市でも上下水道の整備や低所得者向けの住宅整備は遅れ，スラムが形成されるなど，住民の生活環境は改善していない．

インドネシアは有望な投資対象国としての光の部分だけでなく，貧困国・低開発国としての影の部分も抱えている．経済部門の構造改革が進み，海外からの資本流入と経済成長の達成という光の部分が強調される一方，貧困・格差という影の部分も色濃く浮かび上がっている．

2. 経済危機後のインドネシア経済

ここで，1998年の経済危機後の経済状況について確認しておこう．危機後のインドネシア経済は堅調な成長を続けている．図0-1は経済危機前後の経済成長率および失業率・失業者数の推移を表している．1997年から1998年にかけての通貨危機および経済危機[4]の際には，海外から流入していた短期資本が相次いで国外へ逃避し，不良債権を抱えた国内の銀行が国の管理下に置かれ，多くの企業が倒産するなど経済は混乱に陥り，成長率は対前年比

序章　課題と分析視角　　3

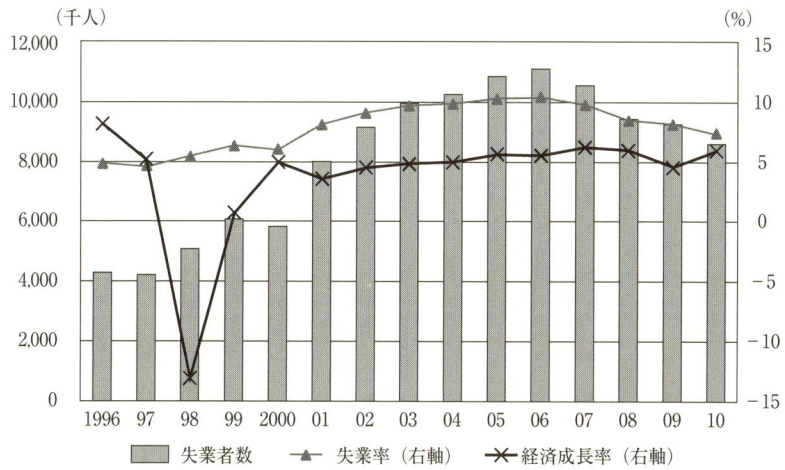

出所：インドネシア中央統計局ウェブサイト（URLは巻末を参照）および *Keadaan angkatan kerja di Indonesia 2010*: 3, Table A.1 をもとに筆者作成.

図 0-1　経済成長率と失業率・失業者数

でマイナス13％に落ち込んだ．また，これに端を発した社会不安の広がりのなかで，長期にわたって政権を維持してきたスハルト大統領が辞任するという事態にまで発展し，政治的にも大きな混乱が発生した．しかし，その後は持ち直し，2000年以降の経済成長率は4％から5％の水準で推移しており，2010年には5.9％の成長を達成している．中国，インド，タイ，ベトナムといった高成長を達成した他のアジア諸国には及ばないものの，インドネシア経済は危機から順調な回復を見せ，また，経済成長につれて失業者数の減少と，失業率の低下が実現している．

インフレ率は，経済危機によって食料品の供給が滞ったこと，また，対ドルの為替相場の急落により輸入物価が上昇したことで，1998年のインフレ率は80％を超えたが，その後，中央銀行による高金利政策により物価は落ち着いている．2001年以降，数度にわたって実施されてきた政府の燃料補助金の削減によってガソリン価格が上昇し，インフレ率が10％を超えることもあったが，それを除けば危機以降のインフレ率はほぼ10％以内に収ま

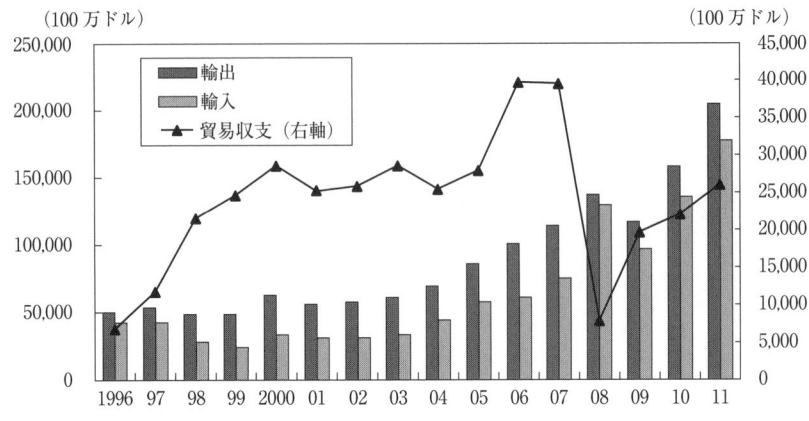

図 0-2　貿易収支の動向

っており，2011年は3.8%にまで低下してきている．

　経済の好調さは図0-2の貿易収支にも表れている．1980年代の前半までは，オイル・ショックを契機とする原油価格の上昇によって政府の原油収入は増大し，政府はこの原油収入をもとに輸入代替工業化政策による野心的な国家プロジェクトを推進していたが，原油価格が下落し，従来のプロジェクトを実施できなくなった80年代半ば以降は，世界銀行の構造調整政策[5]によって，輸入代替工業化から輸出指向工業化へと舵を切ることになった．98年以降の経済の輸出指向化の進行がとくに顕著で，域内外の貿易自由化が進む中で輸出は伸び続け，2004年以降では原油・天然ガスに加え，石炭・鉄鉱石・銅・ニッケルといった鉱物資源の国際的な価格が急上昇したことから，98年に約500億ドルであった輸出総額は，2011年には2,000億ドルに達している．輸出の伸びに合わせるように貿易収支も改善し，2008年に輸入増により一時的に減少するが，その後も増加傾向を示している．貿易黒字の拡大によって政府の外貨準備高は2000年の294億ドルから2011年の1,101億ドルへと積み増され，通貨危機への対応能力は高まっている[6]．

　その他にも，IMFプログラムによる緊縮財政の実施によって，政府の毎

年の財政赤字は対GDP比で1～2％の水準に抑えられ，結果として，中央政府の債務残高は対GDP比で2000年の88％から2007年の35％まで低下してきている．経済危機で大量に海外に逃避した資本も徐々に国内に戻ってきており，株式市場への資金の流入によってジャカルタ証券取引所の株価指数も上昇している．また，インフレの収束によって個人消費が拡大しており，とくに金利の低下による消費者信用の拡大は，自動車や二輪車の新車販売台数を大きく伸ばしている．

　2008年の世界金融危機の際にも，インドネシア経済は深刻な影響を被ることはなかった．リーマン・ショック後の世界的な景気後退に直面した政府は，2009年に対GDP比1.6％に相当する73.3兆ルピアの景気刺激策を含む補正予算を組み，所得税や法人税の税率引き下げや，輸入関税や付加価値税の免除，公共事業によるインフラ整備を実施した[7]．そもそも，インドネシアの経済構造が，周辺のアジア諸国と比べて，内需の比重が大きく，先進国の景気後退による輸出減少が国内経済に与える影響が限定的であったこともあるが，こうした経済対策により，世界金融危機の国内経済への伝播は回避された．

　以上をまとめると，経済危機後のマクロ経済状況は，マクロの数字上は輸出指向化のなかで経済危機から順調に回復していると言える．

3. 危機後のインドネシア経済の評価

　経済危機後のインドネシア経済は国内外の研究者からどのように評価されているであろうか．その前にまず，インドネシアにおいて経済学の置かれている状況について整理しておこう[8]．

　Irwan（2005）はインドネシアにおける経済学の潮流についてまとめている．独立後のインドネシアでは，スカルノ大統領による「指導される民主主義」の理念のもとで社会主義的な政策がとられ，外国資本の企業が政府に接収されるなど，国家が経済に介入することが一般的であった．しかし，1960

年代後半からスハルト大統領による新たな開発体制により，国内経済を外国投資に開放する自由主義的な経済政策が実施されるようになっていき，特に80年代に入り，政府の原油収入が減少して国家中心の開発が行き詰まると，それ以降，経済の規制緩和・自由化を求めるテクノクラートの影響力が増していった．こうした政策を立案したのが，バークレイ・マフィアと呼ばれる米国で経済学を学んだ経済テクノクラートであった．

　経済テクノクラートの育成と当時の米国の対インドネシア戦略については，Simpson（2008）が詳細に論じている．第2次大戦後，米国とソ連の冷戦構造が明白になるなかで，米ソ両国はインドネシアに対して影響力を強めようと，競い合うように軍事，経済，技術などの支援を行っていた．米国側は，インドネシアへの様々な支援が当地に政治的な安定をもたらし，西欧型の近代化を実現させるとともに，インドネシア共産党やソ連の援助関係者を封じ込める防波堤を強化する意味があると考えており，米国内ではフォード財団やロックフェラー財団がインドネシアからの交換留学プログラムに対して資金援助をし，親米テクノクラートの育成が図られた．なかでも1956-62年にフォード財団の奨学金を受けて，カリフォルニア大学バークレイ校に留学した経済学者は，帰国後，インドネシア大学経済学部で教鞭をとり，スハルト体制のもとで経済政策の立案に関わるようになるなど，自由市場に基づく経済開発の実現に大きな役割を果たした（Simpson 2008: 19-23）．

　イルワンは，現在のインドネシアにおいて経済政策に関する言説がいかに制度化されているかについて，政策レベルと社会レベルに分けて分析し，政策レベルでは依然として経済に対する介入主義が強い影響力をもっているが，社会レベルでは自由主義派が地位を確立してきた，と論じている．自由主義派はIMFや世銀などの支援を受け，国内の大学，メディア，研究機関に影響力を持ち，新聞・雑誌などに経済の自由化を支持する論考を出すなど，社会において主流派としての地位を固めている．

　こうした主流派の経済学者は，経済危機後の経済状況について肯定的な評価を与えている．たとえば，Hill（2007）は，2004年からのユドヨノ政権

の政治的安定によって，為替相場は安定し，インフレ率も，他のアジア諸国に比べれば高いものの制御不能な水準ではなく，また，政府の累積債務残高の対GDP比は緊縮財政によって改善し，危機以降はV字型回復を遂げているとしている．Basri（2007）も同様に，好調な経済成長の一方で短期資本が流入してきているが，国内の政治的安定性や国内の金融機関がリスクの分散を行っていることを理由に，1998年の時のような大規模な資本流出は起きないとしている．これらの見解に共通しているのは，緊縮財政，国営企業の民営化，貿易の自由化・規制緩和などの自由主義的な構造改革の成果を強調し，さらなる経済成長を達成し，失業率を改善するには，インフラ整備や教育への投資，税務行政の向上，フレキシブルな労働市場の構築といった海外からの投資を誘致するための投資環境の整備が必要であると主張する点である．

　他方で，主流派とは異なる見解を主張するのは，Robison and Hadiz, *Reorganising Power in Indonesia: The politics of oligarchy in an age of markets* と Chua, *Chinese big business in Indonesia: the state of capital* である．彼らは，経済危機以降の新自由主義改革によってスハルト時代の腐敗や汚職にまみれた中央集権体制から市場メカニズムに依拠した民主主義的な体制が生み出された，とする見方を否定する．

　経済危機への対応のなかで最も重要な課題は，銀行の倒産が相次ぎ，不安定化する金融部門をどう立て直すかであった．政府は，多額の不良債権を抱え弱体化した銀行を閉鎖する一方で，基本的には健全であると見なされていた銀行には大規模な資本注入をして再生もしくは国有化させた．国有化された銀行が保有していた資産は，新たに設立されたインドネシア銀行再編庁（Indonesia Bank Restructuring Agency：以下，IBRA）へと移管され，国内外の投資家へと売却されることになった．しかし，ロビソン＝ハディズは，この過程で元の資産保有者であるオリガーキー（寡頭支配者）からの抵抗があり，IBRAへの資産の移管および移管した資産の売却は予定通りに進まなかったとし，また，資産の移管に抵抗したオリガーキー達は，スハルト体制の

もとで多分野にわたる国家との独占契約を与えられるなど，優先的な地位を保ってきており，国家やジャカルタの政治・経済エリートに張り巡らされた彼らのコネクションのおかげで，金融部門の改革はあいまいで不確かなものになったと述べている．

　ロビソンは，以前の著作（Robison 1986）でスハルト期の政治・経済体制の分析を行い，スハルト・ファミリーと結びついた軍ビジネスや華人系実業家などのオリガーキーによる経済支配の実態を明らかにしたが，彼らに利益を配分し続け，持ちつ持たれつの関係であったスハルト体制の崩壊という事態においても，結局のところ，オリガーキー達の権力が再編成されたにすぎないと見ている．政治改革によって大統領は市民による直接選挙で選出されることになったが，オリガーキーはかつてのような中央集権的な独裁体制ではなく，ナショナリズムやポピュリズムを利用しつつ権力を行使するようになっており，政治勢力として影響力を持っているのは，民主主義を求める納税者である中産階級ではなく，依然としてオリガーキーであると述べ，経済危機後の自由主義改革は自由な市場経済と民主主義を生み出さなかったと批判している．

　他方，チュアは，経済危機を機に，いかに華人系資本家によるプルトクラシー（富豪政治）が形成されたかを論じている．チュアは，ロビソンらが政治官僚と資本家を一枚岩の関係として捉え，その集合体をオリガーキーという概念で括っていることを批判し，スハルト期の政治官僚と資本家の関係は一体的なものではなく，むしろ，政治官僚によって華人系資本家の活動に対して制限が課せられていたとする．つまり，政治官僚は民族意識が高揚する当時の社会のなかで，少数派であった「華人」というある種の社会的スティグマ（烙印）を利用し，華人系資本家に対して支配的な力をもっていたと述べる．そして，その上で，スハルト体制の崩壊によって政治官僚の力が弱まり，華人系資本家を抑えてきた手綱が緩まった結果，華人系資本家によるプルトクラシー体制が生み出されたと結論づけている．

　ロビソン＝ハディズとチュアは，経済危機後のインドネシア社会を支配す

る主体についてそれぞれ異なる見方をしているものの,両者ともにIMFプログラムに代表される自由主義的市場経済改革をスハルト期の政治経済体制との関連から論じ,好調なマクロ経済の背後で進行する社会の構造変化を,国内資本家が政治家・官僚との密接な関係のなかで築き上げてきた権力関係を軸に,政治経済学的視点で捉えている.こうした研究は,経済危機後のインドネシア経済の影の部分を描き出すという意味で鋭い分析であると言える[9].

4. 本書の目的

　本書の目的は,1980年代以降の構造調整政策および98年の経済危機後のIMFプログラムのもとで実施された経済構造改革が農業部門をどのように変化させたか,および,その変化がインドネシアの政治経済体制にどのような影響を与えたかを批判的に分析することにある.もちろん,農業以外にも構造改革によって大きな影響を受けた部門は存在する.たとえば,金融部門では民営化および財政赤字削減の流れのなかで,主要国営銀行の政府保有株式が相次いで海外の銀行へと売却され,国内銀行の所有形態に大きな変化が生じているし,また,製造業部門でも貿易や投資の自由化政策によって国内の製造業が世界経済および地域経済へと統合された結果,中国やベトナムといった繊維などの労働集約的産業に競争力を持つ国に市場を奪われ,国内の繊維企業が同部門から撤退するという事態が起きている.こうしたなかで,とくに農業部門に着目する理由は以下のように2つある.

　第1に,都市化や工業化が急速に進展しつつも,インドネシアは依然として広大な農村地帯と4,000万人を超える農業労働者を抱えており,農業部門の貧困や失業への影響力は大きい.表0-1は,近年の貧困者数と貧困者率の推移を示しているが,まず貧困者数を見てみると,1998年に経済危機の影響を受けて,都市部と農村部で貧困者数が増加していることがわかる.98年の貧困者数は都市部と農村部でそれぞれ1,760万人,3,190万人であり,

表 0-1　貧困者数・貧困者率の推移

年	貧困者数（100万人）			貧困者率（%）		
	都市部	農村部	合計	都市部	農村部	合計
1996	9.4	24.6	34	13.4	19.8	17.5
1998	17.6	31.9	49.5	21.9	25.7	24.2
2000	12.3	26.4	38.7	14.6	22.4	19.1
2002	13.3	25.1	38.4	14.5	21.1	18.2
2004	11.4	24.8	36.2	12.1	20.1	16.7
2006	14.5	24.8	39.3	13.5	21.8	17.8
2008	12.8	22.2	35	11.7	18.9	15.4
2010	11.1	19.9	31	9.9	16.6	13.3

注：インドネシアでの貧困ラインは，1日に必要な最低カロリー 2,100 キロカロリーと，住居・衣服・教育・移動・家事・その他の基礎的需要を満たすために必要な所得．
出所：*Statistik Indonesia 2010*: 183, Table 4.6.1 を抜粋．

国全体の貧困者は 4,950 万人であった．その後は，安定した経済成長に伴い，貧困者数は減少を続けており，2010 年の貧困者数は都市部で 1,110 万人，農村部で 1,990 万人，全体で 3,100 万人となっている．依然として多くの人々が貧困状態に置かれているものの，全体として貧困状況が徐々に改善してきていると言えよう．他方，貧困者率に注目してみると，都市部と農村部で違いが浮かび上がってくる．98 年の貧困者率は都市部で 21.9%，農村部で 25.7% であったが，その後の貧困者率の改善には都市部と農村部で差がついており，2010 年で都市部の貧困者率が 9.9% へと半分以下になっているのに対し，農村部では 16.6% にすぎない．全体として，経済危機以降の経済成長によって，都市部で貧困状況の改善が進んでいる一方で，農村部の貧困脱却の歩みは遅く，農業部門の構造変化が何らかの影響を与えていると考えられる．

　第 2 に，インドネシアの農業部門がもつインパクトには，こうした量的な側面だけでなく，質的な側面も指摘できる．経済危機以降の農業部門では，財政負担の軽減を目的として，コメからプランテーション作物に代表される輸出用作物の生産へと政策の重点が移ってきているが，農業部門の輸出指向化と同時に，GATT 体制やそれに続く WTO 体制のもとで，政府の農業政

策に対する直接的な役割が縮小するなか，輸出用作物部門を中心として，大規模な穀物商社や食料品企業のような多国籍アグリビジネス企業が相次いで進出してきている．輸出指向化とアグリビジネス化に向けた農業政策が実施され，小規模米作農家向けの政策枠組みが縮小する一方，スハルト体制下で特権的な地位を与えられてきた国内の有力資本家が経営する大規模農園企業や，多国籍アグリビジネス企業が主導するプランテーション開発が奨励されている．自由主義経済改革とグローバリゼーションの影響を強く受け，経営の大規模化・多国籍化が積極的に進められてきた農業部門は，経済危機で大きな打撃を受けた国内の有力資本家がいかに再生し事業を展開させているか，また，インドネシア経済がどのような形で多国籍企業の世界戦略に組み込まれているか，といった重要な問いを含んでおり，経済危機後のインドネシア政治経済体制を理解する上で，最適の分析対象である．

なお，本書では，農業政策の転換が基礎的作物である米作部門と輸出用作物であるプランテーション部門を含めた農業部門全体の構造にどのような帰結をもたらしたかを明らかにする．従来の研究の多くは，構造改革が農業にもたらした影響の評価について，たとえば輸出や生産性の伸び率がどう変化したかという，各部門，各局面の個別目標に照らして判断してきたが，緊縮財政や規制緩和を通じて各個別部門がいかに質的な変化を遂げているかを明らかにした上で，農業全体の構造変化をグローバル化の文脈とかかわらせて評価する必要があると考えられる．

5. 分析視角の設定

本書はインドネシア農業部門の政治経済学的な分析を目的とするが，ここで，まず政治経済学という用語について整理しておきたい．

政治経済学は，政治領域と経済領域をそれぞれ独立して分析するわけではなく，徴税や公共サービスなどの所得の再分配過程を対象とする「政治領域における経済」の分析，所有権を保障する法律や労働法といった法による経

済活動の保護と規制を対象とする「経済領域における政治」の分析という風に，政治と経済の相互作用や相互浸透の観点から政治経済体制を把握する（若森他 2007: 2-3）．資本主義経済の発展につれて政治と経済の相互関係が深化するなかで，近年，政治経済学についての研究は数多くなされてきている．必ずしもすべての研究を踏まえているわけではないが，経済学に基づいた政治経済学アプローチとしては大きく以下の2つに分けることができよう．

1つ目は，「政府の失敗」に基づく新古典派アプローチによる政治経済学である．このアプローチでは，市場経済によって生み出された歪みよりも，政府の市場経済への介入によって引き起こされた歪みが強調される．たとえば，政府の介入や規制によって生じるレント（特権的利益）を巡って，各経済主体間でレントを追求する競争が発生するが，このレントの獲得競争により多くの資源が浪費され，経済発展が遅れてしまうことから，途上国の貧困は，市場経済がもたらす貧困の悪循環のせいではなく，貧困な政策によって生み出されると結論づける．新古典派アプローチによる政治経済学では，政府の規制や介入が市場メカニズムを歪めており，人々の厚生を高めるためには規制や介入を撤廃し，市場の自由化を推進することが目標とされる（絵所 1997: 85-8）．

2つ目のアプローチは，「市場の失敗」を重視する政治経済学および制度の経済学である．このアプローチは，独占や寡占による市場の機能不全や所得格差の拡大といった市場メカニズムが生み出す限界を指摘し，市場メカニズムは，市場を支える制度的要因の存在によって初めて効果的に機能すると考え，市場を取り巻く権力や民主主義の度合いなどの様々な要因を重視する[10]．

本書では，2つ目のアプローチを採用するが，その理由は，インドネシアを含む様々な国で進められてきた市場経済改革により，国際的な金融資本と国家の関係や多国籍企業と農民との関係に見られる権力の非対称性の問題，企業への生産技術の集中および市場の独占・寡占的支配の問題や，所得格差の問題が顕在化しているのではないかとの問題意識に基づいている．

以上を踏まえて，本書の内容に関連する3つの論点（グローバリゼーションと農業政策，一次産品開発とGVC論，資源依存型地域開発の持続可能性）について分析視角を設定する．

(1) グローバリゼーションと農業政策
経済危機と農業部門との関係をどう見るか

インドネシアにおける経済危機と農業部門との関係については，2種類の先行研究がある．1つ目の研究では，Gerard and Ruf, ed., *Agriculture in Crisis: People, Commodities and Natural Resources in Indonesia, 1996-2000* と，本台進編『通貨危機後のインドネシア農村経済』がある．ジェラルド＝ルフは，経済危機による，パーム油，ゴム，カカオ，コーヒー，木材といった商品作物やコメなどの基礎的食糧の生産に与える影響，および各作物部門での小規模生産者の対応の変化について述べている．このなかでは，経済危機による対ドル為替相場の下落や国際市況の変動によって輸出用の商品作物生産がどのように変化したか，また，為替相場の下落によって食料の輸入が困難になったことで食料危機が引き起こされたことなどが論じられており，経済危機の影響を為替相場の変動に焦点を絞っている点が特徴である．

また，本台編の研究は，米価安定政策の縮小や金融引締政策が農村社会に与えた影響を分析している．この研究では，食糧調達庁（Badan Urusan Logistik：以下，BULOG）のコメ買上機能の縮小やコメ輸入自由化政策の実施によってコメ流通市場が変化し，農家の販売先が多様化した結果，コメの生産者価格が上昇し農業の交易条件が好転したこと，および，金融不安のなかで農村の預金が信用力の高いインドネシア国民銀行（Bank Rakyat Indonesia：以下，BRI）に集中し，農村金融におけるBRIの役割が大きくなったことが指摘されている．

これらの研究は，経済危機による農業部門への影響について，商品作物から基礎的食糧まで幅広く，かつ小規模生産者による危機への対応というミク

ロ的な視点も含めて分析しており，経済危機後の農村社会の実態を知る上で貴重な研究成果であると言えよう．

2つ目の研究には，米倉等「構造調整視点から見たインドネシア農業政策の展開：80年代中葉からの稲作と米政策を中心に」がある．米倉は，1980年代半ばから実施されてきた構造調整政策とコメ政策の関係について詳細に論じており，市場重視の構造調整政策によって農業資源の効率的な利用が求められ，従来までのような国家によるコメの増産政策が改められるようになったとし，その結果，コメ生産に必要な米価安定政策，農業経営融資，肥料補助金，灌漑投資などが縮小してきたと述べている．そして，90年代においてもこの政策的な流れは継続し，コメの増産を目的とした農業開発政策は単に農業政策と呼べる新たな枠組みへと変わってきているとまとめている．

米倉は，市場重視の構造調整政策によって農業政策がいかに変化したかを論じ，またそれが農業部門，とくに1998年の食料危機の発生に見られるように，米作部門にどのような影響を与えたかについて分析しており，政策面から農業部門への接近を試みた研究であると言える．

以上の先行研究の要点を整理しよう．ジェラルド＝ルフや本台の研究が念頭に置いている経済危機の影響は，為替相場の動向や政府の農業政策の変化が農産物価格や農家の交易条件に与えた影響であり，そこでは，農業政策の変更は所与の前提として扱われ，経済の構造改革によっていかに農業政策が変化しているか，そして，その変化のなかで農業部門全体がどのような構造変化を遂げているかという視点は見過ごされている[11]．

金融の自由化を中心としたグローバリゼーションがすすむなかで，政府の経済運営は短期資本をいかに引きつけるかという側面が強くなってきており，財政規律を高める政策が優先的に打ち出されている．経済危機後のインドネシア農業を理解するには，構造改革のもとで進められている緊縮財政による農業部門への影響を分析する必要があり，この点で本書の立場は，政府の経済・財政政策と農業の関連を重視する米倉の研究と共通している．

政策面から農業問題への接近

近年，途上国の農業・農村研究では，開発のミクロ経済学と呼ばれるアプローチが生まれている．このアプローチでは，利他性，互酬性，信頼といったインフォーマルな農村経済制度が経済活動にどのような役割を担っているかに着目し，インフォーマルな制度のもとで経済主体がどのように行動するかというミクロ・レベルの分析が行われている．たとえば，従来まで資源配分の非効率性を生み出す劣った制度とされてきた分益小作制度は，地主と小作の間のリスク・シェアリング機能というミクロ的な要素に注目すると，天候不順のような，将来の不確実性という情報の非対称性が存在する場合は，逆に合理的な制度として理解される[12]．こうしたミクロ・レベルの分析が農村の貧困削減に与える政策的な含意は大きく，従来までは解明されることがなかった途上国の農村社会の実態を踏まえて，貧困問題に適切な政策的対応を取ることが可能になる[13]．

しかし，ミクロ・レベルの農村社会の多様性を認識する一方で，農村社会の外からやってくるグローバリゼーションおよび政府の農業政策と農村社会との関係も考慮する必要がある．現在の，農村社会でのグローバリゼーションの急速な進展を踏まえれば，農業の工業化，生産技術の高度化，経営の大規模化の推進主体である多国籍アグリビジネス企業と小農との関係に注目する必要があり，多国籍企業の参入規制の緩和が農村社会に与える影響は無視できないし，また，農村社会の近代化につれて，農業政策の農村社会への浸透度はますます大きくなっており，農業・食糧政策と財政赤字・累積債務問題とは切り離し得ない深い関わりをもっている（小島編 1987: 232）ことを考慮すれば，政府の経済・財政政策および農業政策と農村社会との関係を分析する必要がある．このように，ミクロ・レベルからだけでなく，政策面というマクロ・レベルから農業部門に接近することも重要であろう[14]．

また，農業政策の方向性に着目することで，ロビソンらが明らかにしたような国家と資本家との関係，すなわち，国内外の資本家が農業部門の自由化・規制緩和でいかに資本蓄積を実現しているか，についても示唆を得られ

よう[15]．現在，世界中で活動している超巨大企業30社のうち9社が途上国の企業であり，かつ，それらの株式を途上国政府が保有している状況となっており，グローバル市場での競争が激化するにつれて，国家資本主義とも形容される，政府の産業育成政策と大企業の関係がますます重要になってきている[16]．今後，世界的に食糧市場が拡大すると見込まれるなか，広大な農地を抱える農業大国インドネシアの農業政策の動向が国内資本の多国籍化に与える影響は大きいと考えられる．

(2) 1次産品開発とGVC論

近年，新興国での旺盛な資源需要や，世界的な金融緩和政策を背景とした投機市場への資金流入によって，資源価格が上昇傾向にあり，多くの途上国では，利潤や雇用の創出を目的とした一次産品開発が積極的に進められ，高成長の源泉となっているが，そもそも一次産品開発は，途上国の持続的な成長に対して否定的な見方がとられてきた．

たとえば，プレビッシュ＝シンガーは，生産の技術進歩に注目し，先進国での工業製品生産の技術革新は，生産者の利益として所得の増加をもたらすのに対し，途上国での一次産品生産の技術革新は，消費者の利益として価格の低下をもたらすと述べた．この結果，先進工業国は一次産品の消費者および工業製品の生産者として二重の利益を得るのに対し，途上国では一次産品の生産者および工業製品の消費者として二重の損失を被ることになり，生産の比較優位に基づいて先進国と途上国の貿易が行われると，先進諸国に対する発展途上国の交易条件は構造的悪化傾向をたどるとした（絵所 前掲書：20-1）．また，世界システム論においても，「中心国・半周辺国・周辺国」から構成される近代資本主義的世界経済システムでは，技術革新や政府の経済政策によって，商品連鎖における企業活動の格上げがなされ，結果として，たとえば，半周辺国が中心国に移行する可能性を指摘するが，それでも，分析の中心は，周辺国から中心国への剰余の移転により中心・半周辺・周辺が維持されるという世界システムの全体性に置かれており，周辺国の発展の可能

性については，十分に考慮されてきたとは言えない[17]．

　これらの説に従えば，一次産品開発は途上国の長期的な成長が阻害されることになるが，これに対し，近年，一次産品開発においてグローバル・バリュー・チェーン（Global Value Chain: 以下，GVC）論と呼ばれる新たな潮流が生まれてきている．GVCとは，世界的に広がる商品ネットワークにおいて，労働者，生産企業，流通企業などの経済主体から構成される，上流から下流に至る一連の商品連鎖過程のことを指す[18]．GVC論はもともと世界システム論から派生しており，両者とも商品連鎖過程を分析対象としている点で共通しているが，世界システム論は，資本主義世界システムの長期，歴史的，全体論的な動態の行方に関心を置くため，個別の企業の動向や国家の関与は分析の対象とはならず，途上国の経済発展の可能性は閉ざされてしまうが，一方のGVC論では，産業ごとに様々な生産・流通過程が分析対象となり[19]，商品連鎖における各経済主体の関係や国家の産業政策の影響次第で，途上国での生産の高付加価値化を通じて途上国の経済発展が可能となる[20]．つまり，途上国の一次産品開発であっても，余剰が周辺から中心に収奪される関係を脱し，東南アジアにおける農産物加工産業の形成に見られるように，途上国の生産者や企業が商品連鎖を上流から下流へと下り，生産の高付加価値化が展望出来るようになる．

　では，GVC論によって，本書の分析対象であるパーム油についてはどのような示唆が得られるだろうか．まず，比較の観点から，同じ一次産品であるコーヒー豆について検討してみよう．タンザニア産コーヒー豆の生産・流通・消費過程を詳細に分析している辻村（2004）は，タンザニアにおける近年の構造調整政策により，政府によるコーヒー豆の生産者価格支持政策の廃止，農薬や肥料などの投入財への政府補助金の廃止および投入財流通の自由化が生産者の経営を圧迫しており，これに加えて，流通業者と生産者との間のコーヒー豆価格を巡る情報の非対称性や価格交渉力の差がコーヒー豆生産者の立場をより一層困難なものにしていることを明らかにした．しかし，辻村は同時に，産地現物市場や協同組合の存在を，流通業者の需要独占の力に

対抗し，コーヒー豆の生産者価格を引き上げる手段として位置づけ，産地現物市場形成に向けた政府の規制や生産者協同組合の機能強化により，生産者の所得向上の可能性を示唆している．さらに，コーヒーの場合，フェア・トレードによる生産者価格の引き上げや，生産と環境保全とを両立させた高付加価値のスペシャリティー・コーヒー生産への転換により，生産者に有利な商品連鎖システムの形成が可能になる[21]．

これに対して，パーム油はアブラヤシ果実から搾油した油であり，その油の特性上，果実を収穫してから24時間以内に搾油しなければ商品として成立しない．つまり，生産者にとって，果実の買取価格が低いうちに貯蔵しておき，価格が上昇したときに売却するという戦略をとることが出来ず，常に搾油企業が提示してくる価格を受け入れざるを得ない．また，アブラヤシの生産量は，生産者の熟練した生産技術というよりは，科学的に管理された高収量の苗や化学肥料を使うことが出来るかに依存しており，工業化された農業の典型と呼べ，生産者からアブラヤシを買い取り，また，彼らへの苗や肥料の販売を握っている企業に対して生産者は従属的な地位に置かれざるを得ず，資本や技術が集中する大企業による商品連鎖過程の支配力が強まることになる．このように，素材的な特徴に着目することによって，同じ一次産品であってもその高付加価値化へ向けた発展の可能性は大きく異なる．

また，インドネシアのアブラヤシ農園開発においては，政府が農業部門のアグリビジネス化を進めるなかで国内の有力資本の農園参入を積極的に支援してきており，最初の論点で述べた「国家と資本の関係」が商品連鎖に与える影響や，一次産品の素材的な特徴の分析を通じて，今後のGVC論の展開に何らかの寄与が出来るものと考えられる．

(3) 資源依存型地域開発の持続可能性

2番目の論点とも関わるが，グローバリゼーションやリージョナリゼーションによる貿易体制の国際・域内分業化が進み，多くの途上国では比較優位の原理に基づき，天然資源に立脚した地域開発が本格化しているが，こうし

た地域開発のあり方が持続可能かどうかを農民の貧困削減や所得向上という側面だけでなく，地域社会や環境への影響を含めて，より幅広い文脈で検討する必要がある．

　第5章で論じるように，アブラヤシ生産の現場においては，アブラヤシの素材的特徴から，農園の不在地主化の進行や，生産者の土地持ち層と土地無し層への分化，生産者の労働への意欲の低下といった結果を招きやすい．全体としてアブラヤシ農園開発による農民の所得向上効果は疑いの余地がないが，地域社会が育んできた伝統文化や住民同士の紐帯が失われ，土地を巡る住民同士の対立や，治安の悪化が地域社会に影を落としている面も指摘できる．

　また，アブラヤシ農園開発は，広大な農園用地開拓のために，絶滅が危惧される動植物の拠り所である天然林を伐採し，地域の生態系に少なからぬ影響を与えており，近年では，開発が禁じられてきた泥炭地の開発による温室効果ガスの排出や森林火災による煙害など様々な問題を生み出しており，環境の維持可能性が損なわれている．

　先進国か途上国かを問わず，グローバリゼーションによって，国民国家の権限が弱められている一方で，地方自治体に対する期待が高まっている．中央集権体制によって生み出される汚職や腐敗，民主主義の抑圧といった「政府の失敗」と同時に，新自由主義がもたらす過度な経済開発や不安定な労働環境などの「市場の欠陥」を乗り越える役割が地方自治体に求められており，地方自治に基づき，環境を保全・再生しつつ，従来の大規模な外来型開発から地域の内発的発展へといかに転換していくかがますます重要になってきている[22]．東南アジアだけでなく，中南米やアフリカでもアブラヤシ農園開発が急速に導入されてきていることを考えれば，今後，インドネシアと同様の問題が起きてくることが予想され，資源開発に依存した地域開発の経験を批判的に検討しておくことが必要であると考えられる．

6. 本書の構成

 以下では，構造調整政策および構造改革によっていかに農業部門の輸出指向化・アグリビジネス化が進められてきたかを分析し（第1章），また，輸出指向化とアグリビジネス化のなかで，国内の主要作物である米作部門（第2章，第3章）とパーム油部門（第4章，第5章，第6章）にそれぞれどのような変化が生み出されているかを明らかにする．
 第1章では，農業部門の輸出指向化・アグリビジネス化について，政府の経済・財政政策と農業政策の関係に焦点を当てて分析を行う．インドネシア政府は，1980年代半ばから農業部門の輸出指向化とアグリビジネス化を推進してきているが，この動きを促したのが緊縮財政や貿易の自由化などの構造調整政策であった．経済危機以降も，政府はIMFプログラムのもとで，自由主義的な経済構造改革を継続しており，これにより農業部門は輸出指向化・アグリビジネス化への方向性を明確に示すようになっている．
 第2章では，IMFプログラムによる緊縮財政と米価安定政策の縮小について論じる．1980年代半ばまで，政府はコメ自給を達成するために，様々なコメ増産政策を実施してきた．なかでも，中央銀行からのKLBI融資で実施してきたBULOGによるコメの買い上げによる生産者米価の安定政策は，農家の所得を安定させ，コメ生産の拡大に大きな役割を果たした．しかし，緊縮財政を目指すIMFプログラムによってKLBI融資は廃止されることになり，政府は機動的なコメの買い上げが実施できていない．政府によるコメ調達機能の縮小やコメ輸入の自由化，および農業経営融資の削減などの一連の政策によって米作農家の生産に影響が出ている．
 第3章は，水資源政策の変化とその米作への影響について論じる．政府は，コメ増産のための供給面の政策として，海外からの援助を利用しつつ大規模な灌漑整備を進めてきたが，1980年代半ばのコメ自給の達成後，財政負担が問題となるなかで，灌漑整備は従来の施設整備という意味でのハード面か

ら，灌漑管理を行う水利組合の整備というソフト面へと移っていった．また，経済危機後は水資源法の制定によって，従来の灌漑中心の水資源開発から包括的な水資源開発へと転回することになり，ボトル入り飲料水という新たなビジネスが生まれており，現地調査を行った中部ジャワ州のクラテン県では，多国籍飲料水企業の取水活動によって米作農家がコメの生産を続けられなくなるという事態が起きている．

第4章では，農業部門の輸出指向化・アグリビジネス化のもとで進むパーム油生産について分析する．パーム油生産は，コメ生産とは対照的に，1980年代半ばから政府によって積極的に支援され，経済危機後も，アブラヤシ農園開発の外資参入や農園企業への融資などを通じて，農園開発が促進されている．こうしたなかで，国内の大規模農園企業や多国籍アグリビジネス企業がどのように事業展開を行っているかを，パーム油生産の農園段階と加工段階に分けて論じる．

第5章は，アブラヤシ農園開発による地域社会の変化について考察する．アグリビジネス改革が進むにつれ，農園の土地配分が民間農園に有利なように変化してきており，農園開発の目的が，小規模農家の所得向上から，徐々に民間農園企業の利益確保へと変化してきている．小規模農家の収入は，搾油工場に売却するアブラヤシ果房の価格に依存しているが，それは，投機的な国際原油価格の動向に大きく左右され，農家の経営状況は安定的とはいえない．こうした状況のもとで，土地を巡る企業と住民との紛争や，農民間の土地所有の格差が生じており，その結果，治安や風紀の悪化や，住民同士の連帯が喪失するといった問題が起きている．

第6章は，農園開発によって引き起こされている環境問題について述べる．アブラヤシ農園開発は，農園整備のための天然林の伐採による生態系の破壊，搾油工場からの汚水排出による周辺河川の汚染，泥炭地の開発による温室効果ガスの排出や森林火災による大気汚染など深刻な問題を生み出している．

終章では，本書全体のまとめとして，インドネシアで実施されてきた構造調整政策やIMFプログラムのような市場原理を至上とする政策が，多国籍

アグリビジネス企業をはじめとする大企業による農業部門の寡占化をもたらし，かえって，市場が持つ機能が損なわれたのではないかと結論づける．

注

1) 世界銀行元総裁ロバート・ゼーリックによる，ジョージタウン大学での講演録に基づく（2010年9月29日，http://web.worldbank.org/WBSITE/EXTERNAL/NEWS/0,,contentMDK:22716997~pagePK:34370~piPK:42770~theSitePK:4607,00.html）．なお，この講演において，ゼーリックは，これまで世銀やIMFが進めてきた途上国の経済改革の政策基調であったワシントン・コンセンサスについて，世界経済が多極化しつつあるなかで，もはやすべての国に当てはまる1つの政治経済枠組みは存在しないとし，従来の開発観の転換を示唆している．

2) アメリカのリーマン・ショックによる影響を受けて，2008年8月以降，資源価格は一時的に低迷した．たとえば，パーム原油の価格はピークを付けた5月の1,300ドル（1トンあたり）から，10月には400ドル以下にまで下がっている．同様に，ゴム，コーヒー，カカオの価格も半分近くにまで下落している（*The Jakarta Post*: Nov. 14, 2008）．

3) インドネシアのジニ係数は，1990年に29.2であり，その後も30前後で推移していたが，2005年に34.0へと上昇している（世界銀行ウェブサイト，URLは巻末を参照）．近隣諸国のジニ係数は，タイ（2009年：40.0），フィリピン（2009年：43.0），マレーシア（2009年：46.2），ベトナム（2008年：35.6）となっており，その他の国に比べてインドネシアの所得不平等度が高いわけではない．しかし，これをもって，インドネシアを格差のない豊かな国であると判断するよりは，社会全体が等しく貧しいというように理解すべきであろう．

4) 1997年から98年にかけての一連の経済的な混乱について，通貨危機，金融危機，経済危機というように，論者によって様々な定義がなされているが，本書では，さしあたり，97年の危機を「通貨危機」とし，その後，通貨危機が実体部門へ波及し，経済全体の混乱が引き起こされた98年の危機を「経済危機」としておく．なお，通貨危機から経済危機への波及については，吉冨（2003）に詳しい．吉冨は，インドネシアの通貨危機は資本収支危機によるものであったが，これに対するIMFの処方箋が，伝統的な経常収支危機への対策（緊縮財政や高金利政策などの緊縮的なマクロ経済政策）に基づいていたため，危機が広範囲に及んでいったと述べている．

5) 本書では，1980年代半ばに実施された改革を「構造調整政策」とし，98年以降に実施された改革を「構造改革」とする．改革の標榜する目的（自由主義的な経済改革）自体には変わりがないものの，80年代の改革が部分的な「調整」にとどま

っていたのに対し，経済危機以降の改革はより広範かつドラスティックな「改革」が実施されている．
6) インドネシア中央銀行ウェブサイト（URL は巻末を参照）．
7) 世界金融危機へのインドネシア政府の政策対応については，増田・大重（2009）に詳しい．
8) 国際政治経済学の分野では，政策決定において，観念や認識，規範といった要素が重要な意味をもつと考えられており（詳細は飯田 2007: 69-76），こうした観点から，インドネシアの経済政策を考察するには，政策を立案する立場にいる者たちがどのような観念や規範を身につけているかを理解することが重要であると思われる．
9) この他にも，Rosser（2002）は，1980年代からの経済自由化政策が国内資本家の資本蓄積に与えた影響について考察しており，また，佐藤（2008）は，インドネシアの有力企業グループの再編がいかに進行しているか，企業の株主構成や資金調達の変化に着目して，詳細に論じている．また，Aswicahyono, et al.（2010）は，経済危機後の経済状況について，以前よりも企業の労働吸収力が弱まっており，雇用なき回復が進んでいること，また，産業構造については，小規模企業が大規模化する過程に遅れが見られること，成長を牽引しているのは新規参入企業よりも既存企業であることを指摘しており，好調な経済の背後で起きている産業の構造変化について明らかにしている．
10) 制度の経済学については，Tsuru（1993）が，「広義の」制度派であるマルクスや，ケインズ，シュンペーター，ヴェブレンなどの学説を解説しており，都留は，制度派経済学の特徴として，技術変化の過程が資本主義社会に与える影響への関心や，経済学を社会的目標を積極的に主張する規範科学とみなすことなどを挙げている．
11) インドネシアのコメ政策に関わってきた Peter Timmer 元ハーバード大学教授は一連の研究（Timmer, et al. 1983 および Timmer 1996, 2005 など）において，米作部門への政策の影響を論じているが，ティンマーはインドネシアの主食であるコメの価格を安定化させることにより，経済全体を安定化させ，投資を促進させることが可能であると述べ，マクロ経済の安定化に果たすコメ政策の重要性を強調するが，やはりコメ政策を経済構造全体の変化から把握する視点が抜け落ちている．たとえば，1960年代から70年代にかけてのコメ輸入の拡大に対し，輸入代替工業化を進める政府は外貨準備の節約という観点から国内でのコメ増産を計画しており，70年代後半から取られたコメ価格の安定化政策は，農家へのコメ増産へのインセンティブを与える意味を持っていたと考えられ，1国経済全体の動向に左右される形でコメ政策が決定されてきた側面を指摘できる．
12) 開発のミクロ経済学については，高橋・福井（2008）を参照．
13) インドネシアでは，米価の上昇が貧困層に与える影響について賛否が分かれており，世銀は，コメ輸入禁止による米価上昇により，所得の25％程度をコメ購入

に充てている貧困層の生活がより厳しくなっていると主張する一方，国内の研究者は，米価上昇により，コメ生産に必要な投入財費用の増大をカバーすることが出来るため，米作農家の所得向上が実現されるとする．従来の見方では，「農民＝貧困」，「農民＝米作農家」とされ，米価上昇が貧困削減に与えるプラスの影響が強調されるが，農業従事者が減少していることや，農家でもコメを購入している場合があることなど，米価上昇と貧困の関係については，農村社会のより細かな調査が必要である（詳細は，松井和久「米の輸入をめぐる諸議論」http://www.ide.go.jp/Japanese/Publish/Download/Overseas report/pdf/200612 matsui.pdf を参照）．

14) 農業問題を世界経済の枠組みから説明している研究として，Friedmann (1993), Magdoff, et al. (2000) がある．フリードマンは，国際的な食糧生産及び消費のあり方を支配する枠組みをフード・レジームと呼び，このフード・レジームが世界史的な資本主義発展のなかでどのように変化してきているかを論じており，マグドフらは，「アグリビジネス帝国主義」と表現される多国籍アグリビジネス企業とWTO体制との関係や，農業の工業化が土壌や生態系に与える影響，さらには，「アグリビジネス帝国主義」や農業の工業化に対する社会変革の動きなどについて論じており，農業・食糧問題を包括的に論じている（農業・食糧研究の世界的な動向について手際よくまとめた論文として記田（2007）を挙げておく）．他方，重冨編（2007）は，こうした研究の，「農業のグローバル化や農産物貿易の自由化によって農民が貧困に陥る」という規範的な主張を批判し，グローバル化のなかで，実際に途上国の小農がどのような対応をしているかを農産物の流通過程の実態を踏まえて明らかにしている．

15) インドネシアをはじめとして，東南アジア諸国の国家論では，従来から，国家の自立性に重点を置いた開発主義的な見方がなされてきているが，これに対し，グローバリゼーションと国家の権力的な関係が資本蓄積の制度形態に与える影響（Morton 2004: 134）や，米国や日本，および世銀，IMFといった国際機関とアジアの国家との関係に見られるような，対外的な圧力が国内の政治経済システムに与える影響（Boyd and Ngo 2005: 15）など，世界経済の枠組みから国家を捉える研究もなされてきている．

16) *The Economist* 誌（Aug. 7, 2010）は，ブラジルやインド，中国のような新興国の政府が積極的に産業振興を行い，自国発の大企業を育成していることに対し，かつてホッブズが万人の万人に対する闘争の回避のための絶対的権力を持った国家に付けた名前になぞらえて，Leviathan Inc（リヴァイアサン株式会社）と表現している．なお，近年，先進国だけでなく途上国からも新しい多国籍企業が生まれており，その背景について研究がなされてきている．一例として，Frynas, et al. (2006), Hanani (2006), Goldstein (2007), Ramamurti and Singh (2009), Schneider (2009) を挙げておく．

17) 世界システム論については，Arrighi and Drangel (1986) を参照．

18) 商品連鎖を「サプライ・チェーン」と呼ぶ場合や「バリュー・チェーン」（あるいは「コモディティ・チェーン」）と呼ぶ場合があるが，前者の場合，商品の生産・流通・消費過程のどの段階でどの企業が高付加価値生産を実現しているかという点が見えにくくなってしまうため，本書では，後者の意味で使用することにする．
19) Gereffi, et al.（2005）は，GVC を産業ごとの，①取引の複雑性，②取引の複雑性を緩和するための情報のコード化の可能性，③発注企業の要求に応え得るサプライヤーの能力の有無，の組み合わせによって区分し，各経済主体間の権力の非対称性が高い順番に，Hierarchy（階層型），Captive（専従型），Relational（関係型），Modular（モジュラー型），Market（市場型）の5つの型を提示している．たとえば，階層型や専従型の場合は，主導企業とサプライヤーとの間に不平等な力関係が存在し，情報や統制の一方的な流れがあるのに対し，市場型やモジュラー型では，経済主体間の対等な関係を前提とし，水平的な GVC が形成されている．なお，ジェレフィらの GVC の分析が経済主体同士の関係性に特化し，経済主体に対する政府の政策や規制の果たす役割が軽視されているとの批判もあり，たとえば Richardson（2009）は，砂糖の生産・流通過程の分析から，GVC 分析に政府の役割を取り込んだ産業レジーム論を主張しており，Patel-Campillo（2010）は，コロンビアの切り花輸出企業の米国市場進出に際して果たした米国とコロンビア両国の政治的関係を指摘している．
20) 世界システム論から GVC 論への展開については，小井川（2008）を参照．
21) それでも，コーヒーは最終消費地が先進国であり，いくら生産者が高付加価値化を目的として豆の「収穫」から「焙煎」へと移行していったとしても，コーヒーの味の決め手が焙煎後の鮮度にあるため，生産地から消費地への時間経過を考えれば，生産者にとっての商品連鎖の高度化には限界があると考えられる（詳細は妹尾 2009: 216 を参照）．
22) インドネシアの地場産業については，水野（1999）が豊富な実証研究を通じて，農村社会の小規模工業化の実態を明らかにしている．

第1章

構造改革の展開と農業部門

1. 構造調整政策と農業部門

(1) 構造調整政策の実施

　スハルト大統領は1965年に政権を掌握して以降，従来までのスカルノ大統領による「指導される民主主義」のもとでの社会主義的および民族主義的な政治体制から，自由主義にもとづく経済開発への転換を進めていった．スハルトは主に米国帰りの経済学者から構成される経済顧問チームを設置し，市場経済化や経済安定化の計画を立て，IMF・世銀への復帰を果たした．経済政策の面では，外国投資法の制定や外国為替市場の開設によって，海外民間資本のインドネシアへの投資に門戸が開かれることになった．

　その後，国内資本家からの産業保護を求める声が強まるなかで，自由主義経済体制は維持しつつも，海外からの投資に対しては選別的な対応がなされるようになった．1974年には，外国資本に対し10年以内に51%の資本を現地化することが求められるようになり，石油精製，肥料，セメント，鉄鋼，アルミなどの分野では国営企業による生産が行われるなど，輸入代替工業化に依拠した経済開発が進められることになった（石田 2002: 305）．

　こうした輸入代替工業化のためのインフラ整備の財政を支えたのが，潤沢な原油収入であった．当時，中東危機によって原油価格が高騰したことから，世界でオイル・ショックが発生したが，原油価格の高騰は産油国であったインドネシアにとってはオイル・ブームとして作用し，政府の歳入規模が膨ら

んでいった．その結果，歳入に占める石油・ガス収入の割合は48%から63%へと高まり，歳入構造はより石油・ガス収入への依存を強めることとなった．

インドネシア原油の輸出価格は1981年に1バレル35ドルをつけたが，83年には29.5ドルへと下落し，86年4月には10.7ドルへと暴落した．86年の石油・ガス収入はわずか6.7兆ルピアにとどまり，前年の12.9兆ルピアから大きく減少し，歳入も，援助額が増額されたものの，全体では22.9兆ルピアと，前年から減少した．原油価格が下落し，インドネシアにとってのオイルブームが去り，したがって，豊富な石油・ガス収入によって進められてきた輸入代替工業化政策も路線変更を余儀なくされ，石油・ガスに基づく経済構造からの脱却を目指す政府は，世界銀行の支援を受け，構造調整政策を実施することになった．

構造調整政策は非石油・ガス部門の輸出振興を目的としており，1980年代半ばから次々に政策パッケージが発表され，さまざまな分野の改革が実行された．通貨ルピアの対ドル為替相場が83年に28%，86年に31%それぞれ切り下げられたほか，輸出企業向け融資金利の最優遇低金利の適用，輸出製品用原材料輸入にかかる税金の免除，輸出企業への外国資本の出資比率引き上げなど，輸出主導型経済成長の体制が整えられていった（三平1990: 43-51）．

(2) 税制改革

税制では，石油・ガス収入に依存した歳入構造から非石油・ガス収入を基軸とした歳入構造への転換が叫ばれた．石油・ガス収入に依存した歳入構造では，今後，原油価格が下落した際の歳入不足や，海外からの石油・ガス収入の国内経済への流入によりベース・マネーが拡大し，インフレーションが起きやすくなるといった問題があり，税制改革のねらいは，こうした歳入構造を改革することにあった．

税制改革は，非石油・ガス収入を基軸とした歳入構造への転換に加え，税法の簡素化・税務行政の改善，経済の中立性の確保，貧困層への配慮も目的

としていた．政府は経済の輸出指向化を進める上で，それまでのように政府が経済に過度に介入するのではなく，企業の事業意欲を損なわないような経済政策を模索しており，その一環として経済活動に対して中立的な税制への転換が求められていた．

特に重視されたのは付加価値税や奢侈品税といった間接税の整備であった．付加価値税は，その税収確保に果たす有効性，徴税業務の容易さ，経済の中立性の確保，輸出品目への非課税措置といった利点があるとされ，1970年代までに多くの途上国の税制改革において導入されていた（Gillis 1990: 229-33）．インドネシアでは，85年に付加価値税が導入され，従前の売上税では課税対象とはなっていなかった石油製品，酒，たばこが一律10％の付加価値税の課税対象となり，89年には製造段階から卸売段階へと課税段階が拡大し，また航空，通信サービスも課税対象に加えられることになった（Asher 1997: 145-6）．奢侈品税では，化粧品やラジオに10％，空調機，冷蔵庫，テレビ，洗濯機といった耐久消費財に20％，自動車に30％がそれぞれ付加価値税に追加して課税されることになり，付加価値税よりは少ないものの，一定の税収をもたらした．

所得税は，改革前は個人所得税と法人税がそれぞれ別々の税として存在しており，個人所得税の税率は所得に応じて10％から50％まで17段階に分かれており，法人税は20％，30％，45％の3段階で，両税とも課税対象は限られており，十分な税収を上げていなかった．改革後は，税の簡素化と課税ベース拡大の観点から，個人所得税も法人税も新しい所得税のもとで同一の税率（1,000万ルピアまで：15％，1,000万超～5,000万ルピアまで：25％，5,000万ルピア超：35％）が課せられることになり，公務員が課税対象となった他，これまでは非課税か低率の課税にとどまっていた資本利得，付加給付，利子，年金も課税対象となった[1]．

表1-1で税制改革の結果を見てみると，改革が始まる直前の1983年度の税収の合計は4.5兆ルピアで，歳入に占める割合は約24％であったが，付加価値税の導入や所得税・土地建物税の課税ベース拡大の効果から，改革が

表1-1 税収入および非税収入の

財政年度	税収入							
	所得税	付加価値税	輸入関税	輸出関税	物品税	土地建物税	その他税	税収計
1975	302	199	228	61	86	36	20	932
1976	379	263	254	64	133	47	12	1,151
1977	489	293	292	80	175	80	13	1,422
1978	562	328	321	158	233	117	18	1,736
1979	799	331	351	390	319	75	19	2,284
1980	1,113	463	478	303	433	95	26	2,912
1981	1,344	561	508	127	527	102	34	3,202
1982	1,676	706	517	83	632	116	40	3,771
1983	1,970	814	592	104	822	156	47	4,504
1984	2,042	874	541	86	874	213	165	4,794
1985	2,071	2,191	674	48	880	165	301	6,330
1986	2,603	2,986	1,269	80	1,003	239	303	8,482
1987	2,876	3,826	1,442	180	1,105	212	289	9,931
1988	4,432	4,367	1,376	141	1,410	362	256	12,345
1989	5,755	5,986	1,892	173	1,482	604	191	16,084
1990	8,250	8,119	2,800	40	1,800	786	217	22,011
1991	9,727	9,146	2,871	17	1,915	944	299	24,919
1992	12,516	10,742	3,223	9	2,242	1,107	252	30,092
1993	14,759	13,944	3,555	14	2,626	1,485	283	36,665
1994	18,764	16,545	3,900	131	3,153	1,647	302	44,442

注:1) 所得税は,83年度まで個人所得税,法人税,MPO(源泉徴収税),PBDR(利子・配当・ロイ されている.なお,石油・ガス企業にかかる所得税は非税収の石油・ガス収入に含まれていると
　　2) 付加価値税は,84年度まで売上税と輸入品売上税,85年度以降は付加価値税と奢侈品税から
出所:*Nota Keuangan* 各年版のデータを抜粋.

1つの区切りを迎える89年度には,税収は16.1兆ルピアへと急増しており,歳入に占める割合も約40%にまで上昇している.税収の内訳で見ると,83年度には所得税が2兆ルピアで最大の税収を上げていたが,その後,付加価値税収入が伸び,89年度には所得税を上回る水準に達した.経済の輸出指向化を反映して,輸出関税収入は80年代以降大きく減少した一方,海外との取引の活発化に伴い,輸入関税収入は80年代後半以降急増している.こうして,非石油・ガス収入の確保という目標は,主に,付加価値税や輸入関税,物品税といった間接税収入の増大によって実現された.

構造調整政策のもとで実施された税制改革についてまとめると,奢侈品税

推移

(10億ルピア)

	非税収入		援助	総計
石油・ガス	その他	非税収計		
1,201	112	1,312	450	2,695
1,587	129	1,716	325	3,192
1,937	153	2,089	254	3,765
2,265	246	2,511	438	4,685
4,260	189	4,449	775	7,508
6,774	248	7,022	1,121	11,054
8,628	333	8,961	1,559	13,721
8,160	443	8,603	2,006	14,380
11,350	512	11,862	2,543	18,910
10,430	708	11,138	1,781	17,712
12,925	1,685	14,610	2,830	23,769
6,687	2,216	8,903	5,513	22,898
10,083	1,717	11,800	5,556	27,286
9,536	1,533	11,069	10,124	33,538
13,381	2,039	15,420	8,330	39,835
17,740	2,442	20,182	8,382	50,575
15,070	2,593	17,663	9,975	52,557
15,331	3,440	18,771	11,098	59,961
12,503	6,945	19,448	10,753	66,866
13,537	8,485	22,022	9,838	76,302

ヤリティ税),84年度以降は個人所得税と法人税から構成
考えられる.
構成されている.

の導入や,所得税や土地建物税の税額控除の維持など,格差や貧困への配慮をしつつも,税制全体としては,輸入代替工業化から輸出指向工業化・市場経済化への流れのなかで,税の累進制を重視する垂直的公平性よりも経済活動への中立性が優先され,広く薄く課税する税制の導入が図られたと言える[2].

(3) 農業部門の輸出指向化

構造調整政策の展開は農業部門にも波及し,市場原理を通じた農産物生産の経済合理性が追求されることになった.従来までの技術優先的な考え方のもとでは,生産性を高めるべく投入された農業経営補助金や肥料補助金などによって市場価格が歪められているとされた.農業開発政策の評価基準として用いられたPAM (Policy Analysis Matrix) 分析によって,コメ,トウモロコシ,大豆,キャッサバ,サトウキビといった農産物の収入と投入費用の比較がなされ,収益性の低い農作物の生産を奨励することは経済的に非効率であり,経済的・農学的に適切な作物を適切な地域で生産することが強調された(米倉2003:6).

また,世銀の報告書 *Exporting High-Value Food Commodities* でも輸出用高付加価値農産物の生産が奨励された.この報告書は,所得向上による食料消費の変化に伴い,世界貿易において,果物・野菜,肉,魚,酪農品,植

物油などの高付加価値食料品の取引の拡大が進んでいるとしており，農産物部門ではメキシコの米国向けトマト生産やブラジルの大豆生産などの成功事例が報告され，輸出用作物のための貿易体制や流通インフラの整備が必要であるとしている．

　こうした考え方が強まるなかで，インドネシアでは伝統的な農産物であるコメの生産が岐路に立たされることになった．政府は，1960年代後半以降，スハルト大統領のもとでコメ自給を達成するためのさまざまな政策を行い，BULOGによる生産者からのコメの買い上げや農家への経営補助金や肥料補助金の支出，また海外からの援助による大規模灌漑開発などが実施されてきた．しかし，84年にコメ自給を達成してからは，これらの政策にかかる財政負担が問題となり，コメの買い上げ量と農家への補助金支出が削減され，さらに，構造調整政策の影響を受けて作成された第5次5カ年計画（1989-93年）では，灌漑投資の抑制が盛り込まれることになった．灌漑と同様にコメ増産を供給面から支えた肥料も，その原料である尿素の生産に必要な天然ガスが国際価格よりも低い価格で国営肥料会社に販売され，国際価格と国内価格の差額分は政府の補助金が充てられてきた（Soemardjan and Breazeale 1993: 186-7）が，財政負担の問題から肥料補助金は削減されていくことになる．70年代後半から80年代にかけて多額の支出が計上されていた肥料補助金は，87年の7,560億ルピアから92年には1,750億ルピアへと大きく減少している（Hill 2000: 53-5）．

　コメに代わって生産が奨励されるようになったのが輸出用作物として有望なパーム油，ゴム，コーヒー，カカオ，木材製品などのプランテーション作物であった．1990年に農業分野への投資の規制緩和が実施され，アグリビジネスを重視した動きが広がるなかで，とくにアブラヤシ農園部門は，中核農園システムの導入によって民間資本による農園開発が進むなど，プランテーション部門のアグリビジネス化を主導する役割を果たした．

　構造調整政策が展開するなかで，生産にかかる財政負担が重く，かつ輸出用作物としても活路を見いだせないコメから，世界市場で需要が見込まれる

プランテーション作物へと農業政策の重点が移っていくことになった．こうした農業部門の輸出指向化・アグリビジネス化の流れは経済危機後のIMFプログラムへと引き継がれることになる．

2. IMFプログラムによる経済構造改革

(1) 経済危機の発生

1980年代半ば以降，構造調整政策によって実体部門の改革が進む一方，金融部門でも自由化政策が実施されてきた．83年に国営商業銀行の預金・貸出金利の自由化が行われたのをはじめ，88年の第2次金融改革では民間銀行の新規設立が解禁され，全国の支店開設条件も緩和された（武田 2002: 365-6）．こうして，国内の銀行数は急速に拡大することになったが，審査能力の向上のないまま貸出を急速に増加させ，後に不良資産を増加させる（小松 2005: 151）など，銀行部門は脆弱な体質を抱えており，同時期の海外からの資本流入がこの傾向を助長させていった．

1997年7月，タイで発生した通貨危機はインドネシアへと伝播し，インドネシア国内からの資本逃避が始まった．表1-2は経済危機下の主要な出来事を時系列で示しているが，政府による通貨危機への初期の対応としては，ルピアのバンド幅の拡大や，バンド制の廃止とフロート制への移行，貸出金利の指標であるインドネシア中央銀行債（Sertifikat Bank Indonesia: 以下，SBI）金利の引き上げがなされ，また，130億ドルにのぼるインフラ事業の停止が決定された．しかし，それでもルピアの下落は止まらず，自力での再建が困難であると判断した政府は同年10月にIMFの支援を要請することになった．

IMFは1997年11月に100億ドル相当の緊急融資を決定し，政府に対して財政・金融の引き締め，銀行の閉鎖を含む金融部門改革を要求したが，事態は改善せず，ルピアはさらに下落していった．ルピアの下落によって，海外からドルを借り入れていた国内の銀行のルピア建て債務が増大することに

表 1-2 経済危機下の主要な出来事

日付	出来事
1997年7月9日	1997年4条協議のためのIMF理事会開催.
11日	ルピアのバンド幅を8%から12%へと拡大.
8月14日	通貨のバンド制を廃止し，フロート制に移行.
19日	1カ月物SBI（中銀債）金利を11.625%から30%へと引き上げ.
29日	中銀総裁が，国内銀行による非居住者向け外貨先物取引の上限を500万ドルに制限すると発表.
9月3日	株式新規公開時の外国投資家購入比率の上限49%の廃止と奢侈品税率の引き上げが導入. 政府は経常収支赤字対策として130億ドルのインフラプロジェクトの延期を発表.
4日	1カ月物SBI金利を30%から27%へと引き下げ.
9日	1カ月物SBI金利を27%から25%へと引き下げ.
15日	1カ月物SBI金利を25%から23%へと引き下げ.
22日	1カ月物SBI金利を23%から21%へと引き下げ.
10月8日	IMFは，金融部門の技術支援ミッションと3年間のIMFプログラムの協議のためのミッションを派遣.
20日	1カ月物SBI金利を21%から20%へと引き下げ.
31日	IMFは，金融システム安定化のための230億ドルの金融支援パッケージを発表.
11月1日	政府は16行の銀行を閉鎖. 1預金口座あたり2,000万ルピアを上限とする預金保証が11月13日から始まる.
3日	インドネシア，シンガポール，日本による協調介入によりルピアは7%上昇.
5日	スハルト大統領の息子が経営するPT. Bank Andromedaは，銀行の閉鎖を不服として財務大臣と中銀総裁を訴える. IMF理事会は3年間総額73.4億SDRのスタンドバイ取り決めを承認.
7日	延期されたはずのインフラプロジェクトのうち，15件が静かに復活.
11日	IMF専務理事がジャカルタを訪問.
23日	スハルト大統領の息子が小規模銀行を買収し，金融業を再開.
25日	IMFミッションがジャカルタに到着.
12月5日	スハルト大統領，前例のない10日間の自宅休養に入る.
12日	スハルト大統領，クアラ・ルンプールのASEANサミットへの参加を辞退.
23日	スハルト大統領，ある引退したテクノクラートに，債務に苦しむ民間企業の支援を要請.
30日	ジャカルタ裁判所が，スハルト大統領の異父弟プロボステジョが経営するPT. Bank Jakartaの精算の延期を発表.
1998年1月6日	来年度予算の発表を前にルピアは11%下落. スハルト大統領は来年度予算において32%の支出増を発表し，IMFのターゲットから逸脱したと受け取られる.
8日	アメリカ財務次官による，インドネシアは改革への取り組みを見せる必要があるとの発言を受けて，ルピアは下落.
9日	クリントン大統領はスハルト大統領に，IMFプログラムを遵守するように要請.
13日	地元紙が，政府はカレンシー・ボード制の導入を検討していると報道.
14日	IMF支援パッケージへの合意が予想され，ルピアは9%上昇.
15日	スハルト大統領が独占企業とファミリー企業の解体にサインするも，ルピアは6%下落.
19日	スハルト大統領は，国民車計画と国産航空機製造計画は政府支出なしで続行されると強調.

第 1 章　構造改革の展開と農業部門

27 日	政府は，i. 商業銀行の預金・その他債務の全額保証と銀行部門再編のための新たな組織の設立，ii. 海外債権者・国内債務者の協議を行うステアリング・コミッティーの設置と，新たな枠組みが機能するまでの債務返済を凍結．企業は債務を可能な限り返済し，債務モラトリアムは行わない．ルピアは18%上昇．1カ月物SBI金利を20%から22%へと引き上げ．
2月11日	財務大臣が，カレンシー・ボード制への移行が近いと発言．
14 日	54 行の銀行が IBRA の管理下に置かれる．
20 日	政府は，清算された16行の預金計3.1兆ルピアを全額保証．
22 日	G7 の財務大臣がインドネシアにカレンシー・ボード制への移行を再考するように促したと報じられる．
3月2日	スハルト大統領は，IMF プログラム下での構造改革の実施はインドネシアの憲法と相容れないと発言．
3 日	アメリカ政府高官が，改革の進捗に十分な進展がなければアメリカは次回のIMF 融資を支持しないだろうと発言．
5 日	EU は，スハルト大統領にIMFパッケージによる改革へのコミットメントにより危機を乗り切るよう促したと報じられる．
10 日	スハルト大統領が再選される．
16 日	スハルト大統領の新政権が発足．
23 日	1カ月物SBI金利を22%から45%へと引き上げ．
4月4日	IBRA が，それぞれ2兆ルピアを超える流動性支援を受けた7行の大規模銀行を管理下に置き，7行の不健全な小規模銀行の営業許可を停止．
8 日	IMF とインドネシアは，高コストを伴う補助金予算の維持を盛り込んだ新しい IMF 金融支援パッケージに合意．
21 日	1カ月物SBI金利を45%から50%へと引き上げ．
22 日	経済担当調整大臣が，インドネシアはIMFと合意した期限通りにすべての改革を実施すると発言．
5月5日	IMF 理事会が，10億ドルの融資実行を承認．理事会は金融引き締め政策，銀行再編の強化，民間企業の債務問題を解決する枠組みを整備することを勧告．
7 日	1カ月物SBI金利を50%から58%へと引き上げ．
21 日	スハルト大統領が辞任を発表し，ハビビ副大統領へ政権を委譲．
22 日	ハビビ大統領，16 人の新任を含む新内閣を発足．
28 日	BCA が大規模な取り付け騒ぎの後，IBRA の管理下に入る．IMF がインドネシアの野党リーダーと活動家と関係構築を目的とした会合を持ったと報じられる．
6月4日	債務交渉チームと債権者団が，債務返済庁の創設を含む対外債務問題に対処するための包括的なプログラムに合意．
18 日	日本輸出入銀行が，10億ドルの貿易信用ファシリティーに合意したと発表．
24 日	政府は IMF と新たな合意に調印，さらなる改革を約束．
7月2日	債務返済庁が創設される．
15 日	IMF 理事会は，10億ドルの融資実行を承認．
8月19日	1カ月物SBI金利が過去3カ月にわたる数回の引き上げによって70%に達する．
25 日	IMF 理事会，10億ドルの次回融資実行と62億ドルの拡大信用供与措置を承認．
9月23日	パリクラブにて42億ドルの公的債務のリスケに合意．

出所：山下 (2004: 10-11) 図表 2（原資料は IMF *The IMF and Recent Capital Account Crisis: Indonesia, Korea, Brazil*, Independent Evaluation Office Evaluation Report, 2003).

なり，危機の程度は実体経済への影響も含めて通貨危機から経済危機へと深化していった．こうしたなか，IMF は 98 年 1 月に融資条件の強化を盛り込んだ新たなプログラムを策定し，政府は IMF の監視下で構造改革を実施していくことになった[3]．

　IMF は，インドネシアの経済危機の原因はクローニー（縁故）資本主義であり，KKN（Korupusi：汚職，Kolusi：癒着，Nepotisme：縁故）と呼ばれる不健全な経済構造を改革し，持続的な経済成長を達成するためには，非効率で腐敗した公的部門を縮小し，外国投資を中心とした民間部門主導の経済開発が必要であると考えており，小さな政府をめざす IMF プログラムのなかで，規制緩和や貿易の自由化といった改革が行われた．また，海外からの投資を促進するには，インフレを抑制する必要があるとの考えから，高金利と緊縮財政が求められ，SBI 金利は 1998 年 1 月の 20％ から 8 月の 70％ ま

表1-3　経済危機以降の財政赤字

	1999		2000		2001		2002		2003	
A. 歳入	187.8		205.3		301.1		298.6		341.4	
B. 歳出	231.9	＊	221.5	＊	341.6	＊	322.2	＊	376.5	＊
1. 利払い	42.9	18.5	50.1	22.6	87.1	25.5	87.7	27.2	65.4	17.4
a. 国内	22.2	9.6	31.2	14.1	58.2	17.0	62.3	19.3	46.4	12.3
b. 国外	20.7	8.9	18.8	8.5	28.9	8.5	25.4	7.9	19.0	5.0
2. 補助金	65.9	28.4	62.7	28.3	77.4	22.7	43.6	13.5	43.9	11.7
a. 燃料補助金	40.9	17.6	53.8	24.3	68.4	20.0	31.2	9.7	30.0	8.0
b. その他	25.0	10.8	8.9	4.0	9.1	2.7	12.5	3.9	13.9	3.7
C. 赤字補塡（B−A）	44.1		16.1		40.5		23.6		35.1	
1. 国内	14.7		5.9		30.2		16.9		34.6	
a. 民営化・資産売却	16.6		25.4		31.4		27.1		27.0	
b. 国債	—		—		—		−1.9		−3.1	
c. その他	−1.9		−19.5		−1.2		−8.2		10.7	
2. 国外	29.4		10.2		10.3		6.6		0.5	
a. 援助	49.6		17.8		26.2		18.9		20.4	
b. 元本返済	20.2		7.6		15.9		12.3		19.8	

＊歳出に占める割合（％）．
注：2004 年以降は補正予算ベース．
出所：インドネシア中央銀行ウェブサイト（URL は巻末を参照）および *Nota Keuangan* 各年版のデー

で大きく引き上げられた．

(2) IMFプログラムと緊縮財政

　緊縮財政の実施によって厳しい財政規律が課せられ，政府は歳入と歳出の両面の見直しに着手することになった．政府の予算編成に際しては，IMFプログラム下で毎年の財政赤字をGDPの1%程度に抑えることが目標とされ，財政赤字の縮小に向けた歳入の確保と歳出の削減が進められることになった．

　表1-3は，1999年から2008年までの政府の財政赤字とその補塡状況を示している．歳入面では，所得税や付加価値税の徴税の強化や，タバコやアルコールにかかる物品税の増税による税収の確保に加え，赤字補塡として，国営企業の民営化とIBRAが管理する国営銀行の政府保有株式の売却が進め

補塡状況

(兆ルピア)

2004		2005		2006		2007		2008	
403.8		495.2		659.1		694.1		895.0	
430.0	＊	509.6	＊	699.1	＊	752.4	＊	989.5	＊
63.2	14.7	58.4	11.5	82.5	11.8	83.6	11.1	94.8	9.6
39.8	9.3	41.8	8.2	58.2	8.3	58.8	7.8	65.8	6.7
23.4	5.4	16.6	3.2	24.3	3.5	24.8	3.3	29.0	2.9
69.9	16.2	96.6	19.0	107.6	15.4	105.1	14.0	234.4	23.7
59.2	13.8	76.5	15.0	64.2	9.2	55.6	7.4	126.8	12.8
10.7	2.5	20.1	3.9	43.4	6.2	49.5	6.6	107.6	10.9
26.3		14.4		40.0		58.3		94.5	
50.1		27.9		55.3		70.8		107.6	
17.9		7.5		3.6		3.7		4.4	
8.2		22.1		35.8		58.5		117.8	
23.9		−1.7		15.9		8.6		−14.5	
−23.8		−12.2		−15.3		−12.5		−13.1	
21.7		7.9		37.6		42.2		48.1	
45.5		20.1		52.8		54.8		61.3	

タを抜粋・加工．

られた．国営通信会社であった PT. Indosat 社は 2002 年にシンガポールの通信会社に売却され，銀行株の売却では 2001 年の BCA（Bank Central Asia）の株式売却を皮切りに，国内最大の商業銀行であるマンディリ銀行や，BRI, BNI（Bank Negara Indonesia），ダナモン銀行，プルマタ銀行などの大手行の政府保有株式が外資の金融機関に売却されている．1999 年から 2003 年までの財政赤字の補塡状況を見ると，毎年 30 兆ルピア前後の民営化・資産売却収入があり，赤字補塡の大半はこうした民営化と政府資産の売却によってまかなわれていたことがわかる．2004 年からは，民営化・政府資産売却が一段落し，売却収入が先細ってきたことに加え，海外援助の元本の返済が新規援助を上回り，対外債務返済の必要がでてきたため，新たな赤字補塡として国債の大量発行が実施されてきている．

　歳出面では，利払い支出と補助金支出が大きな負担になっている．1999 年から 2001 年までは，利払い支出と補助金支出だけで歳出の半分近くに達している．2003 年以降，歳出に占める利払い支出の割合は減少傾向にあり，また，燃料補助金も 2001 年と 2005 年に補助率の削減が実施されたことから，歳出に占める割合は低下してきているが，それでも，2008 年には原油価格の高騰によって補助金支出が急増しており，利払い支出と補助金支出の割合は依然として 30% を超えている．利払いや燃料補助金の削減は，政府に対する信頼を揺るがし，政治的争点になりやすいので実施されにくく，その代わりに，農業補助金支出の削減や地方への開発支出の削減といった形で歳出の削減が行われていると考えられる．

　こうした歳入と歳出の両面の改革により，公的債務残高の対 GDP 比は 2001 年の 91% から 2010 年の 27% へと大きく低下してきている．外貨準備の増加やインフレ率の低下など，マクロ経済状況に一定程度の改善が見られたことから，IMF プログラムは 2003 年で終了したが，それと同時に制定された新財政法により，財政赤字と債務残高の対 GDP 比がそれぞれ 3% と 60% 以内に制限される[4]など，それ以降も小さな政府を目的とした財政政策は継続している[5]．

(3) 国際収支の動向

　ここで，1990年代後半以降の資本流入・流出について国際収支の動向を確認しておく（表1-4）．国際収支の全体構造では，98年以降，経済危機によってルピアの対ドル為替相場が大幅に減価したことや，中国をはじめとした新興国による資源需要が増加していることを背景に輸出が伸び，貿易黒字が拡大した結果，経常収支はほぼ毎年黒字となっている．資本収支が赤字の場合でも，経常収支の黒字幅が資本収支の赤字幅を上回っており，総合収支でも黒字で，外貨準備が着実に積み上がっている．

　資本支出に着目すると特徴は2つある．1つ目は2003年までのIMFプログラムの時期で，98年の経済危機により海外への資本逃避が続き，2000年と2001年には年間80億ドル近い資本が流出していることがわかる．2つ目は2004年以降，資本収支が黒字に転換していることで，2008年はリーマン・ショックの影響で一時的に赤字になったが，翌年以降は大幅な黒字となっている．資本流入の内訳を見ると，証券投資の急増が特筆される．証券投資は債券や株式などに投資される短期資金であり，インドネシア経済に対する投資家の信頼感が高まるにつれて，流入額が増え，2010年には132億ドルの資金が流入している．直接投資はインドネシア国内から海外への投資が一定額あるが，それを上回る資本流入があり，合計では2005年以降黒字に回復している．その他投資は，負債側（海外から国内への投資）で民間部門の資金需要に国際金融市場が応える形で借り入れが増えているが，資産側（国内から海外への投資）が大幅に流出超となっており，合計では赤字基調である．このように，主に短期資本の流入に牽引される形で資本収支全体では多額の黒字を計上している．

　続いて短期資金の流入先である国債について見てみる．表1-5は2001年以降の国債保有主体の変化を示している．2001年では，国債発行残高395兆ルピアのうち，銀行による保有が381兆ルピアとなっており，国債のほとんどは銀行によって保有されていた．これは，経済危機によって深刻な経営危機に陥り自己資本不足に陥った銀行に対し公的資金を投入するために，政

表 1-4　国際収支

	1997	1998	1999	2000	2001	2002
I. 経常収支（A+B+C+D）	−5,001	4,097	5,783	7,992	6,901	7,822
A. 貿易収支	10,074	18,429	20,641	25,042	22,696	23,513
1. 輸出	56,297	50,371	51,241	65,407	57,365	59,165
2. 輸入	−46,223	−31,942	−30,600	−40,365	−34,668	−35,652
B. サービス収支	−15,075	−14,332	−14,859	−9,797	−9,906	−9,902
C. 所得収支	−6,332	−8,189	−8,997	−8,443	−6,936	−7,048
D. 経常移転収支	309	379	805	1,190	1,046	1,259
II. 資本収支（A+B）	2,542	−3,875	−4,569	−7,896	−7,617	−1,102
A. 投資収支	—	—	—	−7,896	−7,617	−1,102
1. 直接投資	—	—	—	—	—	—
a. 海外への投資	—	—	—	—	—	—
b. 海外からの投資	—	—	—	−4,550	−2,977	145
2. 証券投資	—	—	—	—	—	—
a. 資産	—	—	—	—	—	—
b. 負債	—	—	—	−1,911	−244	1,222
1) 公共部門	—	—	—	—	—	—
2) 民間部門	—	—	—	—	—	—
3. その他投資	—	—	—	—	—	—
a. 資産	—	—	—	—	—	—
b. 負債	—	—	—	−1,435	−4,396	−2,469
1) 公共部門	—	—	—	—	—	—
2) 民間部門	—	—	—	—	—	—
B. その他資本収支	—	—	—	—	—	—
III. 誤差・脱漏	−1,651	2,122	2,079	3,822	714	−1,691
IV. 総合収支（I+II+III）	−4,110	2,344	3,292	3,918	−3	5,029
V. 外貨準備高	21,418	23,762	27,054	29,394	28,016	32,039

出所：*Statistik Ekonomi−Keuangan Indonesia* 各年版（1997-99年：2002 No.1, pp.106-107, 2000年：ネシア中央銀行ウェブサイト（2005年以降，URLは巻末を参照）のデータを抜粋．

府は国債の一種である資本注入債[6]を発行したが，この資本注入債は，公的資金を投入された銀行の株式と交換されることになった（高安 2005: 293）ため，国債の大部分を銀行，とくに資本注入された銀行が保有することになったことが影響している．その後，不良債権処理が一段落し，銀行が国債を

第1章　構造改革の展開と農業部門　　41

の動向
(100万ドル)

2003	2004	2005	2006	2007	2008	2009	2010
8,106	1,564	278	10,859	10,491	126	10,628	5,144
24,562	20,152	17,534	29,660	32,753	22,916	30,932	30,627
64,109	70,767	86,995	103,528	118,014	139,606	119,646	158,074
−39,546	−50,615	−69,462	−73,868	−85,261	−116,690	−88,714	−127,447
−11,728	−8,811	−9,122	−9,874	−11,841	−12,998	−9,741	−9,324
−6,217	−10,917	−12,927	−13,790	−15,525	−15,155	−15,140	−20,790
1,489	1,139	4,793	4,863	5,104	5,364	4,578	4,630
−949	1,852	345	3,025	3,592	−1,832	4,852	26,620
−949	1,852	12	2,675	3,045	−2,126	4,756	26,571
−	−1,512	5,271	2,188	2,253	3,419	2,628	11,106
−	−3,408	−3,065	−2,726	−4,675	−5,900	−2,249	−2,664
−597	1,896	8,336	4,914	6,928	9,318	4,877	13,771
−	4,409	4,190	4,277	5,567	1,764	10,336	13,202
−	353	−1,080	−1,830	−4,415	−1,294	−144	−2,511
2,251	4,056	5,270	6,107	9,982	3,059	10,480	15,713
−	−	4,826	4,514	5,271	3,361	9,578	13,526
−	−	444	1,593	4,711	−303	902	2,187
−	−1,045	−9,449	−3,790	−4,775	−7,309	−8,208	2,262
−	985	−8,646	−1,586	−4,486	−10,755	−12,002	−1,725
−2,604	−2,030	−803	−2,204	−289	3,446	3,794	3,987
−	−	−848	−2,496	−2,363	−1,436	1,526	1,756
−	−	45	292	2,074	4,882	2,268	2,231
−	−	334	350	547	294	96	50
−3,503	−3,106	−179	625	−1,368	−238	−2,975	−1,480
3,654	309	444	14,510	12,715	−1,945	12,506	30,285
36,296	36,320	34,724	42,586	56,920	51,639	66,105	96,207

2004 No.1, p.105, 2001-03 年：2005, No.1, p.105, 2004 年：2008, No.1, p.105) およびインド

　売却し企業向け貸し出しを増加させてきたことにより，銀行部門による国債保有は減少傾向にあり，2009 年の段階で約 254 兆ルピアとなっている．他方，2002 年以降，非銀行部門による国債保有残高が増えてきており，2001 年にはわずか 14 兆ルピアにすぎなかったが，2009 年には 302 兆ルピアへと

表1-5 国債保有構成の推移

(兆ルピア)

保有主体	2001	2002	2003	2004	2005	2006	2007	2008	2009
銀行部門	381.0	348.4	321.5	287.6	289.7	269.1	268.7	258.8	254.4
国営銀行(資本注入)	−	−	−	158.8	154.5	152.8	154.7	144.7	144.2
民間銀行(資本注入)	−	−	−	95.1	85.4	80.8	72.6	61.7	59.9
銀行(非資本注入)	−	−	−	32.4	45.8	32.8	35.4	45.2	44.7
その他	−	−	−	1.2	4.0	2.8	6.0	6.5	6.2
中央銀行	−	−	−	−	10.5	7.5	14.9	23.0	24.0
非銀行部門	13.9	45.7	68.9	111.7	99.7	142.1	194.2	243.9	302.0
投資信託	2.0	35.7	41.4	54.0	9.1	21.4	26.3	33.1	44.8
保険会社	3.8	6.5	16.7	27.1	32.3	35.0	43.4	55.8	72.7
非居住者	0.0	1.9	6.1	10.7	31.1	54.9	78.2	87.6	104.5
年金	0.2	0.4	3.8	16.4	22.0	23.1	25.5	33.0	38.1
証券会社	0.3	0.1	0.3	0.4	0.5	1.0	0.3	0.5	0.5
その他	7.7	1.0	0.7	3.1	4.7	6.6	20.5	33.9	41.5
合計	394.9	394.1	390.5	399.3	399.8	418.8	477.8	525.7	581.8

注：2001-03年の数値は米ドル建ての数値をルピア建てで表示．為替レートは中央銀行ウェブサイトからダウンロード．
出所：*Central Government Debt Statistical Tables, Quarterly 2005*, Ministry of Finance および財務省債務管理局ウェブサイト（URLは巻末を参照）のデータを抜粋・加工．

急増し，銀行部門の保有残高を上回るまでに至っている．非銀行部門では，当初，2002年の段階では投資信託の保有額が36兆ルピアで最も多かったが，徐々に保有先が多様化してきており，国内の保険会社や年金基金などによる国債保有が進んできている．なかでも特筆されるのが，非居住者による国債保有の急増である．2001-04年は僅かな額が保有されていたに過ぎないが，2005年以降，国債保有額が急速に増加し，2009年には10兆ルピアを超える額の国債が非居住者によって保有されている．成長が見込まれる新興国市場への投資を積極化させている海外の年金基金や個人投資家などによるインドネシア国債への投資が増えていることが考えられる．

　経済危機後の自由化・規制緩和政策によって，インドネシア経済はグローバリゼーションに統合されてきており，海外からの直接投資や証券投資の流入如何が経済成長を左右するようになっている．海外の投資家にとっての関心事は，政府の投資環境整備への取り組み状況だけでなく政府が健全な財政

運営を行っているかどうかであり[7]，資本逃避を防ぎ，持続的な経済成長を達成するために政府は緊縮財政を継続する必要に迫られている．

(4) 税制の動向

税制では，投資環境の整備や企業の国際競争力の強化を目的として所得税・法人税率の改革が行われてきている．所得税では，世界金融危機による景気後退懸念が出ていた2008年に制定された所得税法（2008年第36号法）により最高税率が35%から30%へと変更になった他，配当にかかる税率も35%から10%に引き下げられた．法人税では30%であった最高税率が28%（2009年），25%（2010年）へと引き下げられている[8]．

政府は，1980年代から現在まで数度にわたり税制改革を実施してきているが，税率や課税ベースの変更という制度上の改革が進められた一方で，実際に制度を運用するのに必要な徴税能力に大きな改善がなされていない．80年の段階で課税対象の1,470万人のうち所得税を支払っているのはわずか120万人（Asher, *op. cit.*: 134）であったが，2010年では，1.1億人の労働者のうち850万人が，企業では，事業を行っている1,290万社のうち47万社が納税しているに過ぎず（*The Jakarta Post*: Aug. 22, 2011），低い徴税率に大きな変化はない．汚職や，徴税能力不足などにより，企業の脱税行為の横行や納税者の納税意識の低さが日常的になっており，2012年の税収総額の半分にあたる521兆ルピア（約559億ドル）が失われていると指摘されている（*The Jakarta Post*: Mar. 14, 2012）．

政府はこれまで，グローバリゼーションの中で持続的な経済成長を達成するために，海外の企業や投資家の投資意欲を阻害しないような政策を求められてきたが，それと同時に，国内のインフラ整備や補助金支出に必要な税収を確保することも迫られており，こうした観点から，経済活動に対して中立的であり，かつ税収確保が容易な付加価値税をより重視した税制への転換が進められてきた．その一方，所得税では徴税能力の改善が見られず，大部分の納税者の所得が捕捉されないままとなっており，また，最高税率や配当に

かかる税率の引き下げなど富裕層への減税措置がとられ，所得が捕捉された場合でも，富裕層に有利な税制となっており，所得の再分配機能が十分に果たされていない．

歴史的に見れば，19世紀から20世紀にかけて，西欧諸国が近代租税国家から現代国家へと進展していくなかで，租税体系は，関税や内国消費税，地租などからなる間接税中心の構造から，所得税を中心とし消費税や財産税に補完される直接税中心の構造へと発展してきた．この背景には，関税や内国消費税の増税による貧民階級の負担増や，戦争による深刻な財政難と歳入確保の必要性といった諸事情があり，累進原理に基づいて所得の再分配を可能にし，税収の伸張性・弾力性・十分性が期待できる所得税が重要な意味を持つようになった（鶴田 2001: 236-42）．西欧諸国は累進所得税を基幹税とし，公平な租税制度やそれを求める租税民主主義を生みだし，社会を発展させてきたが，これまで見てきたように，1980年代以降のインドネシアの税制は，間接税を重視し，所得の再分配機能が発揮されないままとなっており，西欧諸国の歴史とは対照的な制度が作られてきたと言える．

3. 農業部門のアグリビジネス化

(1) アグリビジネス改革の進展

IMFプログラムによる財政支出削減は政府の農業開発のあり方へ影響を及ぼしている．1980年代半ば以降の構造調整政策によって，政府は投入財の補助など財政負担が重く，輸出用作物としては適していないコメの生産を抑えつつ，輸出用のプランテーション作物の生産を奨励してきたが，経済危機後のIMFプログラム下で実施された緊縮財政によって，その流れはより鮮明に浮かび上がることになった．すなわち，生産者からコメの調達を行い米価の安定を行ってきたBULOGの機能縮小によるコメ調達量の削減，および米作向け農業融資や肥料補助金の削減など，コメの増産を支えてきた様々な政策が縮小・廃止されることになり，コメ政策は後背に追いやられる

第1章　構造改革の展開と農業部門

ことになった．他方，コメに代わって農業部門の重点作物とされたのが，輸出用作物で外貨獲得の手段として期待のかかるプランテーション作物であり，農園部門への事業参入に対して低利融資が実施されるなど，農園事業を中心とした農業部門の輸出指向化が加速している．

ここで特徴的な点は，輸出指向化と同時にアグリビジネス化[9]を通じた農業部門の開発が前面に押し出されるようになったことである．この時期にアグリビジネス政策の旗振り役となったのが，ブンガラン・サラギ農業大臣（2000-04年）であった．サラギ大臣は，ボゴール農業大学で教鞭をとっていた80年代から，スハルト体制の経済開発政策を批判し，農業部門のアグリビジネス化を主張してきた．サラギ大臣は，スハルト体制の経済開発戦略は農業部門の輸出指向化とアグリビジネス化を目的としていたものの，実態は，電機，自動車，繊維，化学，航空機など，ハイテク産業の工業化を目指しており，こうした産業の資本財を低価格で輸入できるようにルピアを過大評価させ，経常収支赤字を資本収支でまかなうために高金利政策をとったことで，アグリビジネス商品の輸出が伸び悩み，金利の収益性が低いアグリビジネス部門からその他の部門へ資源が流出した，と述べている．そして，国内農業部門は，経済危機によって他産業が破綻するなかを持ちこたえた唯一の産業であり，経済危機からの回復と今後の経済発展につなげるためには農業部門の育成が必要であり，そのためには，農業協同組合の発展を奨励しながらアグリビジネスを進める必要があるとしている（サラギ1999）．

サラギ大臣のもとで，農業省は2000年11月に新たな農業開発計画（2000-04年）を発表した．この農業開発計画は，経済成長に果たすアグリビジネスの役割を強調し，アグリビジネス事業により農民の所得と生活水準を向上させること，農民によって主導された持続的で地域に根ざしたアグリビジネス企業の発展を通じ村落経済活動を発展させること，アグリビジネス・システムを通じ，就業構造と公正な起業機会を増やすこと，などを目的としている．また，アグリビジネス振興プログラムとしては，農業インフラおよび農業資材の開発（上流アグリビジネス部門の開発），農業生産性の向上・農産物の

質的向上・地域に適した農産物の振興（農園部門の開発），加工産業の振興（加工部門の開発），国内外市場の開発・食料流通システムの発展（流通部門の開発），人材の育成・アグリビジネス経済組織の育成（事業部門の開発）および調査研究の振興・技術開発など多岐にわたっており，上流から下流まで一貫したアグリビジネス開発を進めることを意図している．また，2004年から政権に就いたユドヨノ大統領の方針で，農業部門の再活性化が経済の重要課題となり，新たに策定された農業開発計画（2005-09年）では，貧困削減・雇用創出の手段として，農業部門のアグリビジネス化がより重視されている．

こうしたアグリビジネス改革の下で，農業部門への外国資本参入の規制緩和が実施されてきている．最近では，2010年に北スマトラ州のメダン，リアウ州のドゥマイ，パプア州のメラウケがアグリビジネスの特別経済区に指定され，主にプランテーション部門において国内外から合計106億ドルの投資誘致が目標とされている（*The Jakarta Post*: Feb. 6, 2010）．また，同年6月，ススウォノ農業大臣は，サウジアラビアを訪問し，外国資本が主要作物の農場に投資する場合の土地所有権を49%まで認める法改正を行ったと述べ，国内の770万ヘクタールの未開発地への投資を呼びかけるに至っている（*Asahi Globe*, 2010年9月6日）．

(2) 貿易の自由化とプランテーション開発

貿易体制の自由化もインドネシアのプランテーション開発に拍車をかけている．貿易自由化に向けた取り組みとしては，WTOのドーハ開発アジェンダの実施[10]や，AFTA（ASEAN Free Trade Area）の発足がある．AFTAは，1992年にインドネシア，タイ，フィリピン，マレーシア，シンガポールとの間で開始され，これら域内の貿易品目に課せられる関税を0〜5%に引き下げることが合意された．95年にベトナム，97年にミャンマー，ラオス，99年にカンボジアがそれぞれASEANに加盟することによって，自由貿易の枠組みは拡大している．さらに，日中韓とASEANとの間でそれぞ

れ自由貿易協定が結ばれつつあり，ASEAN 諸国を含む東アジアの貿易関係は密接になってきている．

とくに中国が WTO に加盟し，製造業を中心に世界から投資を引きつけ，高水準の経済成長を続けていることは，ASEAN 諸国の経済に大きな影響を与えている．中国は豊富な労働力を生かし，衣料品などの繊維製品を大量に世界市場に輸出する一方，石油や石炭などの天然資源を輸入に依存するようになっており，中国との貿易関係の結びつきが強化されることで，ASEAN 諸国，とくにインドネシアのような天然資源を多く抱える国は製造業から天然資源へと経済開発の重点を移して行かざるを得ない[11]．実際にインドネシアでは，繊維産業を中心とした労働集約的な製造業が不振に陥る一方，世界的な資源需要の高まりを受けて，鉱業部門では，石油・ガスをはじめとした石炭，銅，ニッケルなどの輸出が増え，農業部門では，パーム油，天然ゴム，木材・パルプなどのプランテーション作物の輸出が増えており，天然資源に依存した経済開発が進行している[12]．

まとめ

1980 年代以降，インドネシア政府は，構造調整政策や IMF プログラムのもとで，市場原理に基づいた経済改革を実施してきた．国内経済がグローバリゼーションに統合されるなかで，海外からの資本を引きつけるために財政の健全化が目標とされ，財政赤字の削減に向けた歳入と歳出の両面の改革が行われてきた．

歳入面では，投資家や富裕層への配慮から，所得税の最高税率の引き下げや付加価値税の導入による税収の確保が実施されてきており，間接税重視の税制構造が形成されてきている．歳出面でも必ずしも十分な貧困対策がなされていないことを考慮に入れると，歳入と歳出の両面において，所得の再分配機能が十分に発揮されないままになっている．

歳出面では，農家への補助金や灌漑投資など，コメの生産に必要な支出が

削減され，より費用効率的な農業生産のあり方が追求された結果，農業開発の重点は輸出用作物として有望なプランテーション作物へと移ってきており，農業部門の輸出指向化が急速に進んでいる．また，農業開発の進め方では，国内外の大規模資本に対する投資規制の緩和を軸としたアグリビジネス化が主流になってきている．

この30年間で，農業における政府の役割は，農業開発への直接的な関与から，農業投資を促進させるための環境整備を行う間接的な関与へと変化し，国内外のアグリビジネス企業にとっては，より有利な事業環境が整えられる一方，補助金や農業インフラ投資などの政府の農業支援に依存せざるを得ない零細農家にとっては，農業経営の厳しさが増すという，対照的な結果が生み出されたと考えられる．

注
1) Asher (*op. cit.*: 141). その後，所得税法の修正がなされ，2000年の段階 (2000年第17号法) で個人所得税の税率は，2,500万ルピアまで：5%，2,500万超〜5,000万ルピアまで：10%，5,000万超〜1億ルピアまで：15%，1億超〜2億ルピア：25%，2億ルピア超：35% へと，法人税は，5,000万ルピアまで：10%，5,000万超〜1億ルピア：15%，1億ルピア超：30% へとそれぞれ変更されている．
2) 政府は，徴税能力の問題から，課税での所得再分配は考えておらず，歳出で貧困対策を行おうと考えていたようである (Gillis *op. cit.*: 237)．
3) 通貨危機から経済危機にかけての国内の政治経済状況については，当時中央銀行総裁であったジワンドノ氏の自伝 (Djiwandono 2005) が参考になる．
4) Hill (2007: 147). 政府は中央銀行への約束手形 (商業銀行に対する中銀のBLBI債権を政府に移し，財政化したもの) の償還に際し，2003年に中銀との合意により，2033年までは，わずかな利子を中銀に支払えばよいだけになった (梅崎2005: 95). 本来であれば，約束手形は消費者物価指数に3%を上乗せしたインフレ連動債であり，多額の債務返済が必要になっていたが，この措置により，政府の財政負担は大きく軽減されることになった．この中銀との合意は，いかに政府が厳しい財政運営を求められていたかを示す象徴的な事例として理解出来よう．
5) 毎年のように燃料補助金の削減が議論されてきているが，これに加えて2010年には，7年ぶりとなる電力補助金の削減が検討され，政府は財政健全化への取り組みを継続させている (*TEMPO*: March 17, 2010)．
6) インドネシア政府が発行する国債は3種類あり，1つ目はインドネシア中央銀

行が国内の金融部門の安定化のために投入した資金を財政化するために発行された約束手形（promissory note）である．2つ目が自己資本不足に陥った銀行に資本注入するための資本注入債（recapitalization bond）で，3つ目が2002年の国債法によって発行可能となった赤字国債（deficit bond）や借換国債（refinancing bond）などである．詳細については梅崎（前掲書：89-91）を参照．

7) ムーディーズやスタンダード・アンド・プアーズといった国際的な格付け会社は，インドネシア国債の格付けを上昇させてきている．たとえば，ムーディーズは2003年にB3からB2へ，2006年にB2からB1へとそれぞれ格付けを上げたが，今後の格付けの引き上げについて，健全な財政運営と政府の投資環境整備への取り組みにかかっている，と述べている（*The Jakarta Post*: May 20, 2006）．

8) 2008年の所得税法（2008年第36号法）では，それまでの法人税の税率構造（3段階）をあらため，25％（2010年から）の単一税率へと変更になった（小企業には税率の減免措置あり）．また，投下した資本のうち少なくとも40％をインドネシア国内の株式市場で調達し，その他の条件を満たした企業はさらに5％低い税率が適用される（PriceWaterhouseCoopersウェブサイト，URLは巻末を参照）．

9) アグリビジネスは，農業生産そのものに加え，生産手段の供給，農産物の加工や流通・販売などの農業関連産業を指し，本書でアグリビジネス化およびアグリビジネス手法の導入という場合，従来の農地での耕作を主体とした家族経営とは異なる，農業経営全般を包括する近代的経営方式の導入を意味している．

10) インドネシア政府は，2007年に，食糧安全保障，生計保障，農村開発の観点から，先進国の市場アクセスのルールよりも緩やかなルールの適用を主張するG33（インド，中国など）の閣僚会合を開催している（WTO Trade Policy Review 2007）．

11) Coxhead（2007）は，中国の世界市場への統合によって，今後ASEAN諸国では比較優位を生かした天然資源部門（林業，漁業，鉱業など）の経済成長が見込まれるとしている．

12) 2011年の対中国の製造業の貿易収支はインドネシアの132億ドルの赤字となり，前年から23％程度増加しており（*The Jakarta Post*: Feb. 16, 2012），品目でも，中国からは加工品が，インドネシアからは原材料がそれぞれ輸出されており，量と質の両面において，インドネシアにとって不利な貿易構造となっている．

第2章

緊縮財政と米価安定政策の縮小[1]

1. BULOG の米価安定政策と食糧自給の達成

(1) コメ政策の展開：コメ自給の達成まで

　インドネシアにおけるコメ政策の起源は 1930 年代に遡ることができる．それ以前は，オランダ植民地政府によって自由放任政策が行われ，国内の需給状況にあわせて，コメの輸出入を行うにすぎなかった．30 年代に入り，アジア地域でのコメの過剰生産と世界恐慌の影響を受け，インドネシアにおける米価は長期的な低落傾向を示し始めた．コメ以外の作物の価格も下がり始め，農民は税金を払えなくなるなど，自由放任主義の限界が現れてきた．

　政府は 1933 年に米価に介入することを決定し，コメの輸入は自由化から許可制へと変わった．39 年には政府機関である VMF（Sticting Het Voedingsmiddelenfonds）が発足し，精米施設やコメの流通ネットワークの整備に加え，コメの輸出入管理と国内米の調達による米価安定政策が行われることになった[2]．

　独立後においても米価の維持は優先課題であった．1950 年と 51 年のインフレに対しては，軍や公務員に対してコメの配給が行われ，また，外貨は優先的にコメの輸入に当てられた．しかし，その後は，外貨が肥料の輸入に当てられなかったことや灌漑投資の不足によって，コメの生産量は拡大する人口規模に追いつかず[3]，米価は高止まりしたままであった．

　スハルトが政治権力を握った 1965 年，食糧庁の倉庫にはコメはほとんど

なく，外貨も底をつき，インフレ率は600%にまで達していた．スハルトはまず，短期的な措置として，軍や公務員向けのコメを確保するために国家兵站司令部（Komando Logistik Nasional: KOLOGNAS）を設立し，国内だけでなく，ビルマ，タイからの輸入や米国からのPL480にもとづく米輸入などの特別なルートでコメの調達を行った．長期的な措置としては，ハイパー・インフレの抑制と外貨不足の解消を目的としたコメ増産政策がとられた．コメの増産は，コメの需給ギャップを解消しインフレを沈静化させるとともに，輸入米への依存を減らし外貨を節約するという，経済の安定化には欠かせない最優先課題として位置づけられるに至った．

スハルト大統領はコメ増産を目的とし，需要面では農民の米作へのインセンティブを高めるための米価安定政策を行い，供給面では，ビマス（集団指導）計画によって農民への生産投入財の供給を行った．ビマス計画は，BRI（インドネシア国民銀行）から農民へ貸し出されたマイクロ・クレジットを元手として，農民に種籾，化学肥料，農薬といった投入財を供与し，政府の農業指導員が営農指導を行う仕組みになっていた．投入財の供与を受けた農民は，コメ収穫後に現金か現物でクレジットの返済を行った．ビマス計画は，農民に対する政府主導の半強制的な計画であり，クレジットの利用に関して使途が明確に決められるなど，農民のコメ増産への自主的参加を促すことはなかった[4]．

1970年代後半からはビマス計画に代わってインマス（集団的集約化）計画によるコメ増産政策が中心となる．インマス計画もビマス計画と同じように，クレジットによる農民への投入財の供与を柱としていたが，ビマス計画よりもクレジットの使途について柔軟な運用が認められていたことから，コメ増産に大きく貢献した[5]．

図2-1は，1973年からのコメの生産量と輸入量を示しているが，ビマス計画が中心であった77年まではコメ（籾米）の生産量は2,300万トン前後で推移し，輸入については年によって増減はあるものの，多いときには200万トンのコメが輸入されていた．インマス計画が本格化してくる78年以降

第2章　緊縮財政と米価安定政策の縮小　　　　53

図2-1　コメの生産量と輸入量

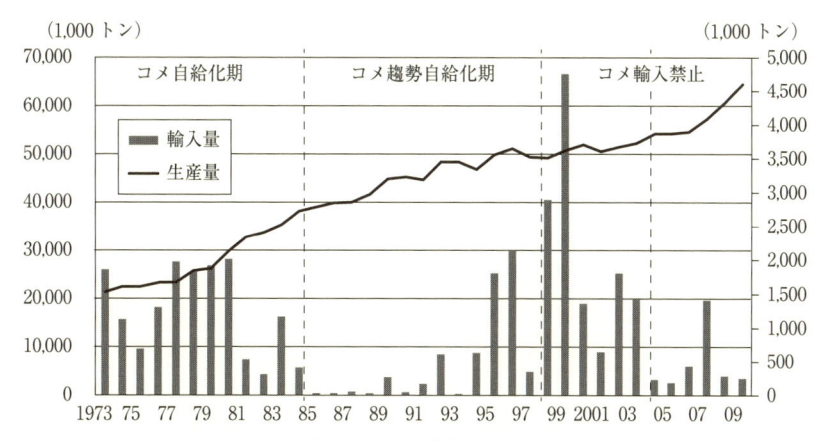

出所：*Statistik Indonesia* 各年版のデータを基に筆者作成．

になると状況は一変し，コメの生産量は急増する．77年には2,300万トンであった生産量は84年には3,800万トンに増加した．この期間，生産量の増大にあわせて，輸入量も減少し，70年代に常態化していたコメの輸入は85年にはほぼなくなった．1984年，スハルト大統領はコメの完全自給化を宣言し，当初の目的を達成した．

(2) BULOGによる米価安定政策

コメ自給の達成は，ビマス計画やインマス計画のような供給面の政策だけでなく，生産者米価の下支えを目的とした米価安定政策という需要面の政策によって支えられた．

1960年代後半から，政府はコメ増産を目的とし，生産者に米作のインセンティブを与えるために米価安定政策を導入した[6]．BULOG（食糧調達庁）はフロア・プライス[7]を1キログラムあたり13.2ルピアに設定し，生産者米価がこの水準を下回る場合は介入を行うことになった．1970年代は，ビマス計画やインマス計画によるコメの生産性の増加が優先課題であったため，化学肥料の利用を促進するフロア・プライスの設定がなされた．80年代に

入り，フロア・プライス算定方式は，生産性の増加だけでなく，農民所得，インフレ率および他作物の価格とのバランスを考慮に入れた方式に改められた．このように時期によって優先目的が異なるものの，全体としては，フロア・プライスの設定に関しては，コメ増産と生産者の所得保障がもっとも重視されていた（Amang 1993: 37）．

政府は，生産者への価格政策と同時に，消費者向けのコメ基準価格であるシーリング・プライスの設定も行い，実勢価格である消費者米価がシーリング・プライスを超えた場合にはコメを市場に放出し，価格を安定させることになった．シーリング・プライスは消費者にとって安価な価格に設定された．

フロア・プライスとシーリング・プライスの設定には，流通業者の取り分である両価格の差額分が流通業者の活動を保障する水準になるように配慮されていた．すなわち，政府はこの二重米価制度の導入に際し，両価格が生産者，消費者，流通業者の3者に不利益をもたらさないように配慮していたと言えよう．

基準価格であるフロア・プライス，シーリング・プライスと，実際の市場価格である生産者米価，消費者米価にそれぞれ乖離が生じた場合は，BULOGによって介入が行われたが，BULOGによる介入方法を論じる前に，まず，コメの流通状況を確認する．

図2-2は1990年代前半のコメ流通の概略を示しているが，生産者が生産するコメ（精米換算）は1990年代後半で約3,000万トンであり，うち1,000万トンが農家の自家消費や，種子・肥料用に利用され，残りの2,000万トンが市場に流通している．流通市場の公的部門と民間部門のシェアは，前者が約200万トン，後者が1,800万トンで，民間の流通業者の取扱量が多くなっている．民間の流通ルートは，主に生産者から集荷・精米業者，仲買・大手精米業者，卸売業者，小売業者を経由して一般消費者に販売される．

公的なルートでは，生産者から村落協同組合（Koperasi Unit Desa: 以下，KUD），BULOGを経由して軍や公務員へ，または，小売業者を通じて一般消費者へコメが供給されていた．なお，98年9月にコメの輸入自由化が解

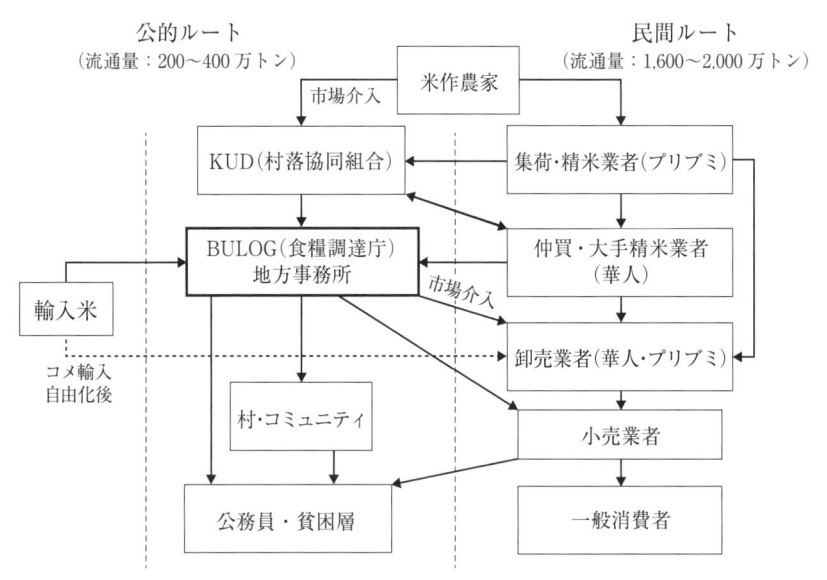

第2章　緊縮財政と米価安定政策の縮小　　　　　　　　　55

```
       公的ルート                              民間ルート
   (流通量：200〜400万トン)              (流通量：1,600〜2,000万トン)
                         ┌─────────┐
                         │ 米作農家 │
              市場介入    └─────────┘
                    ↓
            ┌──────────────┐  ←  ┌────────────────────┐
            │KUD(村落協同組合)│     │集荷・精米業者(プリブミ)│
            └──────────────┘     └────────────────────┘
                    ↑                      ↓
            ┌──────────────┐         ┌──────────────┐
            │BULOG(食糧調達庁)│         │仲買・大手精米業者│
   ┌────┐→ │   地方事務所   │         │    (華人)    │
   │輸入米│  └──────────────┘ 市場介入 └──────────────┘
   └────┘          │            ↓             ↓
   コメ輸入          │         ┌────────────────────┐
   自由化後          │         │卸売業者(華人・プリブミ)│
                    ↓         └────────────────────┘
            ┌──────────────┐            ↓
            │ 村・コミュニティ │         ┌──────────┐
            └──────────────┘         │  小売業者  │
                    ↓                 └──────────┘
            ┌──────────────┐         ┌──────────┐
            │ 公務員・貧困層  │         │ 一般消費者 │
            └──────────────┘         └──────────┘
```

出所：国際協力銀行開発金融研究所（1999: 11），図 1-1 を加筆.

図 2-2　コメの流通経路

禁され，大手の卸売業者が輸入業務を行うことになったが，それ以前はBULOG が輸入業務を独占していた[8]．

　BULOG の米価への介入には 2 つの介入方法があった．1 つ目が生産者米価をフロア・プライスに引き上げるための介入で，BULOG は KUD 経由か精米業者経由で生産者からコメの調達を行う．BULOG は，実際の生産者米価がフロア・プライスを下回った場合に，農家や流通業者からそれぞれ籾米と精米を調達する買いオペを実施する．基本的に，雨期の収穫期のコメが出回るのが 3 月から 6 月であり，この時期に米価の低下圧力が増すことから，BULOG の買いオペはこの時期に集中している．逆に，不作の時期などに生産者米価がフロア・プライスを上回った場合には，生産者はそのままの価格で民間の流通業者に売っていた．BULOG の買いオペによって調達されたコメは，バジェット・グループと呼ばれる軍や公務員への供給と，備蓄米にあてられた．コメの調達量は原則的に無制限で，必要であれば，積極的に買い

オペをすることになっていたが，市場流通量の10%を超えることはなかったようである（Amang *op. cit.*: 38）．

米価安定のためのもう1つの方法は，消費者米価をシーリング・プライスに引き下げる介入である．小売市場で需給が逼迫し，消費者米価がシーリング・プライスを上回った時に，BULOGは買いオペによって形成された備蓄米を流通業者に売却する売りオペを実施することで，消費者米価の高騰を抑えていた．国内のコメの生産が不作に終わり，売りオペをするための備蓄米の量が十分でない場合には，BULOGは海外からコメを輸入し，それを市場に放出していた．

こうしたBULOGによるオペレーションは市場に流通されるコメの10%以下であったが，コメの価格安定政策はうまく機能し，基準価格と実勢価格が大きく乖離することはなかった．インドネシアのように広大で，かつ多くの島嶼部を抱えている国において，わずかな流通量の操作で米価の安定を行うことができた理由として，国全体のコメ市場がBULOGを中心に統合されていたことを挙げることができる．国内のコメ市場は十分に情報伝達のネットワークが張り巡らされ，民間の流通業者はBULOGの市場介入のタイミングを予測できるようになっていた[9]．

このように，BULOGの米価安定政策は，農民に米作へのインセンティブを与え，コメの増産に寄与しただけでなく，消費者米価の安定を通じてインフレの抑制や国民の栄養状態の改善をももたらした．

(3) 米価安定政策とKLBI融資

BULOGの米価安定政策は，中央銀行からの特別融資である中央銀行流動性融資（Kredit Likuiditas Bank Indonesia：以下，KLBI）によって支えられていた．中央銀行の開発主体としての役割は1968年の中央銀行法第13号に規定されており，中央銀行は通貨ルピアの安定性を維持し，国民の生活水準を改善するという使命を与えられた．KLBI融資はこうした目的の下で，生産活動の促進，雇用機会の創出，そして，食糧自給の達成や中小企業の発展

といった優先分野の開発に向けられた[10]．KLBIは，中小企業向け融資，低所得者向け住宅融資，農業経営融資（Kredit Usaha Tani: KUT），KUD向け融資に使われたが，なかでもコメ自給を目指したBULOGのコメ調達オペレーションへの融資が重視された[11]．Cole and Slade（1996: 83）は，BULOGへのKLBI融資について，BULOGのコメ調達オペはその性質上，年によって調達量が異なるため，一般会計ではなく機動力のある中央銀行の融資が利用された，と述べている．

中央銀行からBULOGへの融資メカニズムは図2-3に示されている．BULOGのコメ調達オペには2つのルートがある[12]．1つは，国内米の調達である．国内米の調達には，当初は中央銀行からBULOGへ直接に融資がなされていた．1984年からは中央銀行の融資は，国営銀行であるBRIを中心とした銀行を経由してBULOGに与えられた[13]．いずれの時期においてもBULOGへの融資の利率は6%で，当時の市場金利が10~12%であったことから，BULOGのコメ調達オペへの融資は金利面で優遇されていたこと

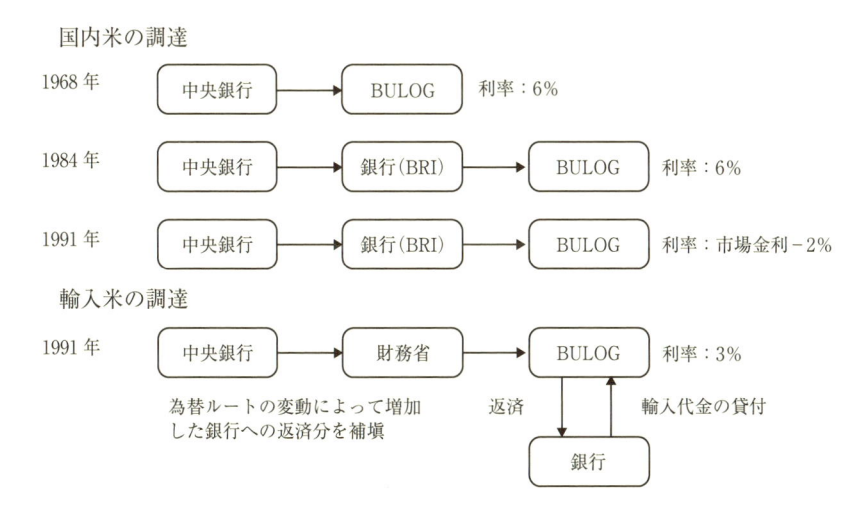

国内米の調達

年	フロー	利率
1968年	中央銀行 → BULOG	利率：6%
1984年	中央銀行 → 銀行（BRI）→ BULOG	利率：6%
1991年	中央銀行 → 銀行（BRI）→ BULOG	利率：市場金利−2%

輸入米の調達

1991年：中央銀行 → 財務省 → BULOG　利率：3%
為替ルートの変動によって増加した銀行への返済分を補塡／返済／輸入代金の貸付／銀行

出所：*Sejarah Peranan Bank Indonesia Dalam Pengembangan Usaha Kecil*（Bank Indonesia Biro Kredit, 2001）とAmang（1993）をもとに筆者作成．

図2-3　中央銀行からBULOGへのKLBI融資枠組み

がわかる．後述するように，80年代半ばからのコメ趨勢自給化政策のなかで，BULOGへの融資も条件がやや厳しくなり，91年には国内米調達への融資の利率は市場金利から2%を差し引いた利率が適用された．

もう1つは，BULOGによるコメ輸入への融資である．国内米のコメの調達が不十分なときに，BULOGは海外からコメを輸入するが，その代金は銀行から借り入れることになっている．コメ輸入には外貨が必要になるため，銀行からはドルを借り入れることになるが，借り入れをした時の対ドル為替相場と実際にコメの輸入を行ったときの為替相場が異なり，ルピアがドルに対して減価した場合は，その差額分が中央銀行から財務省を経由するKLBIによって補填されることになっていた．

BULOGは低利のKLBI融資に支えられながら，必要な量のコメを農民から買い上げ，結果としてそれが生産者米価の安定につながり，政府はコメの増産とコメ自給化という目標を達成することができた．

2. 構造調整政策と米価安定政策の縮小

(1) コメ自給政策から趨勢自給政策へ

コメ自給を達成した1984年には，市場にコメが豊富に出回ったため，BULOGの売りオペはわずか20万トンにとどまった．この結果，市場に放出されなかった備蓄米は84年9月には300万トンに達した．85年には備蓄米は330万トンとなり，BULOGの備蓄能力に限界が生じてきた．しかし，インドネシアにとってのオイル・ブームが過ぎ去り，財政に余裕がなくなってきたことから，コメ備蓄のためのBULOGの倉庫への投資は十分行われず，89年から始まった第5次5カ年計画でも，新規倉庫の建設は小規模なものに終わった．

コメの生産量が増加する一方で，備蓄施設への投資が滞った結果，BULOGの買いオペによっては吸収されない余剰米が発生した．その結果，多くの地域において，生産者米価がフロア・プライスを下回る事態が生じた．

備蓄能力不足によって備蓄米の品質が劣化するという事態への対策として，収穫後に長期間備蓄可能な高品種のコメを調達しようとすると，それは農家からの買取条件が厳しくなることを意味し，結局，生産者米価の押し下げ要因となった．また，市場にはコメが溢れていることから，BULOG は調達したコメを市場に放出することができず，コメの売却によって収益を上げられなかった．さらに図 2-3 にあるように，1991 年から，これまで BULOG の買いオペの原資となってきた KLBI 融資の利率がより市中金利に近いレベルに引き上げられることになり，BULOG の中央銀行への返済にかかる負担が増大した．こうしたことで，BULOG のコメ調達活動に支障が生じ，生産者米価の低迷に拍車がかかっていった．

これに対して政府は，1986 年 1 月に，生産者米価を支えるための費用を政府の経常予算に含めることを一度は決定したものの，同年の原油価格の低下によって思ったようには予算が組めなかったことから，その案は実現することはなかった．

結局，1985 年になされたファルコン・チーム[14]の提言によって，以降の米価政策は，生産者米価と消費者米価に対してではなく，BULOG の貯蔵能力に配慮して行われることになった．すなわち，国内米の調達を減らすことで，調達コストとそれに付随する貯蔵コストを抑えつつ，不作時に需給が逼迫し消費者米価が上昇する時には，市場へのコメの放出は輸入米を活用するという仕組みへと米価政策が変化した．コメ政策は自給化政策から趨勢自給化政策へと転換することになった[15]．

趨勢自給化政策のなかで，拡大してきたコメの作付面積は頭打ちとなった．また，急速に進んだ都市化によって，商業地や住宅地の農地転用が増大したこと（Ikhsan 2005: 62）もコメの生産に悪影響を与えた．この結果，インドネシアは，1970 年代のようにふたたびコメ輸入依存を深めていくことになった（図 2-1 参照）．とくに 95 年には，日本が国内でのコメ不足によって海外からのコメ輸入をしたことでインドネシア国内のコメの供給が滞り，200万トンを超えるコメを輸入している．

趨勢自給化政策において進められてきた米価安定政策の縮小と輸入米への依存傾向は，経済危機後の構造改革のもとで，より明確に表されることになる．

(2) 経済危機と構造改革

1997年7月のタイの通貨危機はインドネシアへ波及し，インドネシアから資本が次々に逃避していった．通貨危機によって国内の金融機関は経営難に陥り，通貨危機は経済危機へと発展し，ルピアの対ドル為替相場は7月の1ドル2,500ルピアから98年1月には1ドル16,000ルピアまで下落していった．97年10月に政府はIMFに流動性支援要請を行い，IMFや世銀，ADB（アジア開発銀行）から180億ドルのスタンドバイ・ローンが供与された．この見返りとして，IMFは政府に対して構造改革を要求し，98年1月にIMFプログラムが合意された．

IMFによる構造改革プログラムは，大きく分けて2つの目的から成り立っていた．1つ目は，緊縮財政の実現である．通貨危機以降，対ドル為替相場が急落するなかでインフレ圧力が高まっており，IMFはインフレを抑制するために，政府に緊縮財政を要求した．大枠では毎年の財政赤字を対GDP比で1％以内に抑制することが目標とされ，それに応じて課税の強化と財政支出の削減が進められた．具体的には，灯油・ガソリンに対する燃料補助金の削減，電力料金などの公共料金の引き上げ，国営企業の民営化が断行された．農業部門の改革では，コメの増産を支えてきた肥料補助金が廃止され，肥料価格が引き上げられた[16]．

構造改革の2つ目の目的は，貿易体制の自由化である．コメや小麦粉，大豆，ニンニクなどの輸入がBULOGによって独占されており，国内の農産物の価格に歪みが生じているとされ，農産物の輸入自由化が求められた．同時に，農業部門の輸出を振興するために，パーム油などのプランテーション作物の輸出関税の引き下げも行われた．コメ輸入はBULOGによって独占されてきたが，1998年9月からは輸入業務への参入規制が緩和され，民間

第2章　緊縮財政と米価安定政策の縮小

表 2-1　インドネシアの輸入元別のコメ輸入量　　　　　　　　（トン）

	2003	2004	2005	2006	2007	2008	2009
ベトナム	506,013	58,810	44,773	272,833	1,022,835	125,071	20,971
タイ	492,114	129,421	126,409	157,983	363,640	157,007	221,373
インド	108,797	923	327	721	3572	290	473
アメリカ	107,608	16,767	2,184	801	822	1,411	1,323
中国	54,440	111	1	100	901	3,342	5,168
ミャンマー	41,399	2,500	0	0	0	0	0
パキスタン	49,071	0	0	904	4,604	751	502
台湾	9,601	10,600	0	2,500	625	0	0
その他	59,463	17,735	15,923	2,267	9,849	1,818	665
合計	1,428,506	236,867	189,617	438,109	1,406,848	289,689	250,473

出所：*Statistik Indonesia 2005/2006*：338, Table 7.3.11 および *2010*：530, Table 14.3.9.

の流通業者によるコメ輸入が可能になった[17]．

表 2-1 は経済危機後のコメ輸入量と輸入元を示している．コメ輸入の原則禁止措置が実施された 2004 年以前は大量のコメが輸入されており，2003 年には 143 万トンが国内市場へ流入していたが，コメ輸入が禁止されて以降は，国内でコメ受給が逼迫した 2007 年を除けば，輸入量は減少している．インドネシアはアジアを中心に多くの国からコメを輸入しているが，とくにベトナムとタイから多くのコメを輸入している．

緊縮財政と貿易自由化を柱とする IMF プログラムによって政府の役割は限定されることになり，従来までの農業開発政策には大きな変化が生じることになった．

(3)　KLBI の廃止と米価安定政策の縮小

IMF プログラムによって一般会計が緊縮財政を求められるなかで，中央銀行の準財政活動も改革の俎上にあがり，中央銀行の開発主体としての役割は廃止されることになった．中央銀行の開発活動はスハルト体制の開発政策を支えてきたが，1990 年代後半には，マクロ経済や金融システムの発展にとってもはや有効ではないとの認識が広まった[18]．中央銀行からの KLBI 融資は資源配分の非効率性を招き，汚職を生み出したと考えられるようにな

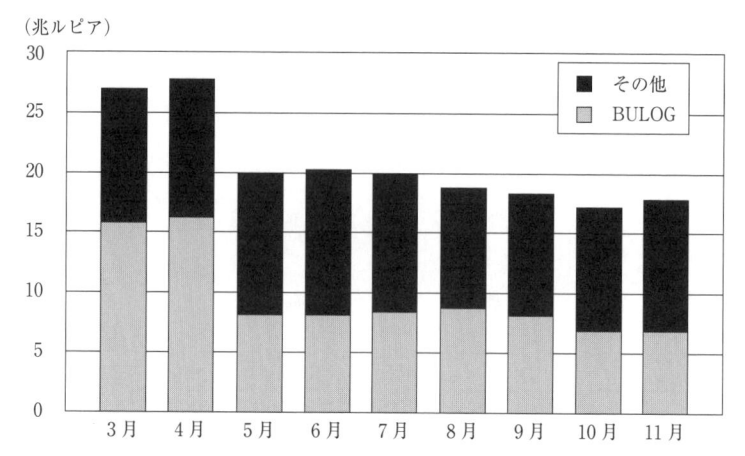

出所：*Nota Keuangan 1999/2000*: 222, Table III.10 をもとに筆者作成.

図 2-4　KLBI 融資残高の推移（1998 年）

った（Conroy 2000: 109）.さらに，中央銀行の貸し出しによってマネー・サプライが増加し，中央銀行が目標としているインフレ抑制とも矛盾することになった.政府は 99 年 5 月に新中央銀行法（1999 年第 23 号法）を定め，中央銀行の独立性を高めるとともに，中央銀行の「開発主体」としての役割を金融市場の管理や決済システムと金融機関の監視業務といった「開発補助的」な役割に改めることになった.

　政府は，1997 年 10 月 31 日の IMF への趣意書のなかで KLBI の廃止を表明し，新中央銀行法の制定によって，中央銀行の開発主義を体現してきた KLBI は事実上廃止されることになった.図 2-4 は 98 年の KLBI 融資残高を示しているが，98 年 5 月に全体の KLBI 融資残高は 27 兆ルピアから 19 兆ルピアへと急減している.この減少のほとんどが BULOG に対する残高の減少に依っているが，これは 5 月に中小企業支援対策などへの融資は継続したものの，BULOG に対する新規の KLBI 融資が打ち切られたからと考えられる.KLBI の廃止に伴い，BULOG のコメ調達活動を支えてきた財源が失われることになった[19].

KLBI 廃止後の米価安定政策は，1980 年代半ばから行われてきた，備蓄水準の圧縮と輸入米への依存をより鮮明に表すことになった．米倉（2004）によれば，経済危機後の米価安定政策について，政府は 2 種類のコメ調達量のシミュレーションを行っていた．第 1 は，BULOG のコメ調達量を 201 万トンにとどめるパターンである．このシミュレーションでは，農家からのコメの買い上げを制限する一方で，セーフティ・ネットとして貧困世帯へコメを安く供給することになる．第 2 は，BULOG のコメ調達量を 351 万トンにするパターンである．後者のシミュレーションは従来までの価格安定政策を維持することを想定しており，農民にコメ増産のインセンティブを与えることになる．2 つのシミュレーションの結果から，前者の BULOG の損失額が 1 兆ルピア（2002 年末）であるのに対し，後者の場合は 3 兆ルピアになり，前者の方が財政負担が軽いことから，201 万トンのシミュレーションに沿って米価安定政策が行われることになった．KLBI 廃止後のコメの調達には政府が財政負担をしなければならず，緊縮財政のさなかで，政府はなるべく負担の少ない方策を選択し，米価安定政策縮小の貧困者への影響を緩和するために，貧困者に低価格のコメを供給する特別市場操作を実施することとした．政府は価格安定政策を縮小し米作部門への包括的な政策を放棄する代わりに，貧困者にターゲットを絞って安価なコメの供給を行う，いわば選別的なコメ政策へと移行していくことになった．

3. 米価安定政策縮小の帰結

(1) 経済危機下の米価

　経済危機によって国内の生産活動は大きな影響を受け，1998 年の GDP は 13％ のマイナス成長となり，コメの生産・流通も停滞し，米価は急上昇していった．図 2-5 は 96 年から 2006 年までの生産者米価と消費者米価の推移を示しているが，為替相場が急落し経済危機が発生した 98 年 1 月あたりから，とくに消費者米価が急上昇していることがわかる．1 キログラムあたり

(ルピア/kg)

図中ラベル: コメ輸入自由化　コメ輸入関税（30%）　コメ輸入禁止

凡例: ─■─消費者米価　──シーリング・プライス　─◆─生産者米価　----フロア・プライス

出所: BULOG資料のデータをもとに筆者作成．

図2-5　生産者米価と消費者米価の推移

1,000ルピアであった消費者米価は，コメ輸入自由化が実施された98年9月には3,000ルピアに達した．米価の高騰で食糧を買うことができなくなった市民によって暴動が発生し，やがてスハルト大統領は退陣せざるを得なくなった．

　この消費者米価の高騰は，BULOGの米価安定政策の縮小によって引き起こされた象徴的な出来事であったと言える．そこで，米価の高騰の原因を生産，流通，消費の各段階に分けて考察してみる．

　まず生産段階であるが，1997年と98年はエルニーニョ現象による異常気象が発生し，それによってコメの生産量が落ち込んでいた．コメの生産量は，96年に初めて5,000万トン（籾米ベース）に達したが，97年と98年にはそれぞれ4,938万トンと4,924万トンへと減少した．コメ不足そのものが米価上昇圧力の一因となった．流通段階では，農家・流通業者のコメの退蔵とコメの密輸が行われた．農家や流通業者はコメの値上がりを見越してコメを退蔵したまま市場に流通させなかったことから，さらに米価は上昇した．コメの密輸には経済危機による為替相場の暴落が影響している．ルピアの対ドル

第2章　緊縮財政と米価安定政策の縮小

為替相場が減価することによってコメの内外価格差に逆転が生じ，ドル建てでのインドネシア国内の米価が国外の米価を下回ることになった．このように国際価格が国内価格を大幅に上回った場合には密輸出が横行し，国内の需給を逼迫させ，米価を上昇させる一因になった（国際協力銀行開発金融研究所　前掲書：21）．また，こうした事態に加え，卸売業者の運転資金の調達が困難で操業ができなかったことや，市民の暴動の対象になることを危惧した華人流通業者が操業を停止したことも，消費者米価の上昇圧力になったと考えられる．

消費段階では，上昇する米価と暴動による社会不安への対応として，消費者がコメの買いだめを行ったことで，消費市場で更なる需給の逼迫が生じた．

消費者米価の高騰に対し，BULOGはほとんど役割を果たすことができなかった．消費者米価を落ち着かせるためのBULOGの売りオペは機能しなかった．これは，趨勢自給化政策によってコメの備蓄量が十分確保されなくなっていたこと，そして，生産者米価の高騰によってコメ調達に係る費用が膨らみ，十分な量のコメ調達ができなかったこと[20]に起因している．コメ輸入についても，為替相場の急落により十分なコメを輸入できず，政府は援助米を外国に要請することになった．

(2)　生産者米価への低下圧力

1998年9月にコメ輸入の自由化が実施されて以降，民間業者によるコメの輸入が相次いだ．たとえば，2001年から2003年までの3年間に輸入されたコメの量は380万トンで，そのうち民間の業者による輸入分は210万トンを超えており，BULOGの輸入量よりも多くなっている．大量の輸入米の流入により，高騰していた消費者米価は徐々に落ち着いていくことになったが，同時に，生産者米価も低下圧力を受けることになった．政府は低迷する生産者米価対策として，2000年から輸入米に30％の関税をかけることを決定した．しかし，その後も海外からの低品質米の流入は止まらず，生産者米価は上昇しなかった[21]．

BULOGの米価安定政策の縮小も生産者米価の低迷に拍車をかけた．経済危機以前のBULOGは，中央銀行からの低利のKLBI融資によって必要な時に必要な量のコメの調達を機動的に行い，生産者米価を安定させてきたが，IMFとの合意によりKLBIが廃止された後は，コメの調達代金をBRI，インドネシア協同組合銀行（Bank Umum Koperasi Indonesia: Bukopin），マンディリ銀行などから，市中金利と同じ水準である16%前後の金利で借りなければならない．これに加えてBULOGは，政府からコメ調達用の補助金[22]を受け取ることになっているが，この補助金はBULOGがコメを調達した後に供与されるため，キャッシュ・フローの観点からは問題があり[23]，機動的な調達活動ができなくなっている[24]．BULOGはコメ調達の際，調達を依頼しているKUDに対し代金を後払いにしているケースもあり，農民はBULOGのコメ調達への参加に二の足を踏んでいるケースもある[25]．

　経済危機後のコメ政策は，貯蔵コストがかかる備蓄米の量を抑えるために，国内米の調達を縮小し輸入米への依存を高めていくことを目的としており，生産者米価を安定させることを目的としてきた米価安定政策の縮小に他ならない．生産者米価の低迷によって所得が減少する貧困層にはラスキン・プログラムと呼ばれる低価格米供給事業によって安価なコメを供給することになったが，制度自体に問題が指摘されているだけでなく[26]，これによりBULOGの業務が増えたことで，コメの調達活動に支障が出ている（Arifin, et al. 2001: 56）．

(3) 流通業者の存在の高まり

　BULOGの役割の縮小によって，コメ調達活動における流通業者の存在が拡大した．図2-5に見られるように，2000年には輸入米の流入によって生産者米価がフロア・プライスを割り込んでいったのに対し，消費者米価は下げ止まったままであった．この背景として流通業者によるコメの退蔵が指摘されている（米倉2003: 23-4）．

　世銀は，経済危機以前のBULOGの米価安定政策について，消費者や生

産者を犠牲にしつつ精米業者や卸売業者を利する仕組みである（World Bank 1998: 56）として，BULOGの役割を縮小する改革を政府に要求したが，実際には，BULOGの米価安定政策が縮小する一方で，流通業者はコメを退蔵し消費者米価をつり上げることで利益を拡大させる，いわゆるコメの投機活動が報告されている[27]．

(4) IMFプログラムと米作農家

価格安定政策の縮小やコメ輸入の自由化をはじめとした農業部門の構造改革プログラムによって，米作農家の生活は厳しくなった．生産者米価が低迷し所得が伸びない一方で，肥料補助金が廃止され，農民の農業経営への融資は減少している．食糧保障融資（Kredit Ketahanan Pangan: KKP）による農民への融資は停滞し，農民は流通業者からの借り入れをせざるを得なくなっており，農民の流通業者に対する立場はより弱くなっている．農民は流通業者に借金を返すために，生産したコメをすべて流通業者に手渡し，再び高い消費者米価で買い戻さなければならない場合もある．

図2-6は，1999年から2004年までのジャワ島における農民の経営状態の変化を示している．この図を見ると，コメ輸入が自由化された2000年あたりから農家の経営状態が悪化し始め，2002年以降も同様の傾向が続いている．中部ジャワ州や東ジャワ州では，数値が100を切り，支出の伸びが収入の伸びを上回っている．収入面では，価格安定政策の縮小によってBULOGのコメ調達に係る資金の調達に困難が生じたことで，機動的なコメの調達ができず，生産者米価が低迷した．また，BULOGがコメを調達する際に，コメの買取条件として一定水準以下の水分含有率を課しているが，多くの農民はコメの乾燥施設をもっておらず雨期にはコメの水分含有量が増えてしまい，BULOGに買い取ってもらえず，結局，農民は集荷業者にコメを安く買いたたかれることになる．支出面では，2000年に肥料補助金が廃止されたことや，2005年の2回にわたる燃料補助金の削減によって肥料価格そのものが上昇したことが影響している．

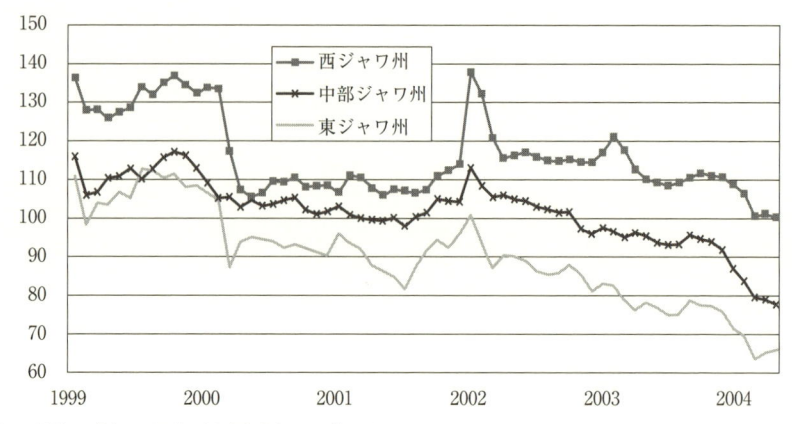

注：数値は［(収入価格／支出価格)×100］で表され，収入と支出の価格は1993年を基準としている．
出所：*Statistik Nilai Tukar Petani di Indonesia* 各年版: 97, 102, 112 をもとに筆者作成．

図 2-6　農民の経営状態の推移

　政府は財政負担の大きいコメよりも，その他の高収益の作物の生産を普及させる計画を模索している．政府は，過去30年間で米作農家の所得が3倍になったこと，そして他の作物への転作が徐々に進みつつあることを根拠に，米価安定政策の縮小によって生産者米価が下落することについてはそれほど問題視していないようである（Bappenas, et al. 2000）．しかし，米作農家の所得は1日2万ルピアであり，月の所得は60万ルピア程度である．支出のほとんどは食費に回さざるを得ず，教育費や保健・衛生費に十分に使うことができない．また，実際に転作は思ったほど進んではいない[28]．水田から他の作物への転作には費用がかかるが，銀行から農民への融資は不十分なままである．米作を放棄した農民は，都市へ出て失業者になるか，自らの土地を売却して農業労働者として働くことになる．

まとめ

　本章は，コメ増産を需要面から支えてきた米価安定政策がいかに縮小し，

どのような結果を生んだかについて論じた．経済危機以前は，中央銀行による低金利のKLBI融資によってBULOGは機動的にコメ調達を行うことができたが，経済危機後のインフレ抑制を目的とする緊縮財政のなかで，KLBIは廃止されることになり，BULOGのコメ調達活動に支障が出ている．BULOGはコメ調達の費用を銀行から一般金利で借り，また政府から補助金を受けとっているが，いずれも円滑なコメ調達には十分ではない．また，BULOGのコメ調達活動の縮小によって米価安定政策が行き詰まり，結果として米作農家の経営状態の悪化をもたらしている．生産者米価を支えるためのコメ調達が縮小することで，生産者米価には低下圧力がかかる一方で，流通業者のコメの投機活動により消費者米価は上げ止まったままとなった．

BULOGについては，会計制度が不透明で腐敗や汚職の源泉であると言われており，その改革自体は必要であるが，BULOGの組織自体の改革と価格安定政策の縮小は異なる次元の話であり，自然条件に大きく左右される米作農家の生産活動を価格安定政策によって需要面から支えることは，農民の所得水準を引き上げ，失業率を改善し，さらには貧困削減を果たす上で重要であろう．

注

1) 本章は，頼（2007）を加筆・修正している．
2) VMFによる輸入米の調達には政府保証のついたJavasche Bankからの融資が，国内米の調達には民間銀行からの融資が充てられていた（Bappenas, et al. 2002: 6）．
3) 当時のスカルノ大統領は，1961-68年の8カ年総合開発政策において，コメの増産を主目的とし，精米換算したコメの生産高を60年の876万トンから68年には1,600万トンへと増やすことを掲げたが，本岡（1975: 128）は，「1,600万トンの達成は実際には空想にすぎない」とし，政府の非計画性を指摘している．
4) ビマス計画が行われた当時はインフレが高進しており，農民が返済を延ばし実質的な返済負担を軽減しようとするケースが多く，クレジットの償還率は低い状態であった（本岡 前掲書: 223）．
5) 加納（1988: 47）．加納は70年代後半からのコメの急速な増産の背景として，インマス計画のような制度的な枠組みの整備だけでなく，化学肥料投入の増加や

病虫害を克服しうる新品種の開発が重要であったとしている．なお，ビマス計画，インマス計画については，Soemardjan and Breazeale（1993）に詳しい．
6) 本岡（前掲書: 271）は，70年代前半の米価安定政策について，「食糧調達庁は米価低下のさいは買上資金に制約され，米価騰貴のさいには米集荷が困難であるため，米価安定政策は国内産米に関してはほとんど実効があがっていない」としている．また，この時期の米価安定政策の失敗について，Robison（1986: 215）は，BULOGの官僚による不正操作を挙げている．BULOGの官僚は，3％という低利で中銀から借り入れた融資を民間銀行に10～15％の利率で預金しており，その利ざやを自分たちに配分していた．結局，資金を預け入れていた銀行が破綻したことによって，BULOGはコメの調達を予定通り行うことができなくなった．
7) 本書では，政府の設定する生産者と消費者のコメ基準価格をそれぞれ，フロア・プライスとシーリング・プライスとし，生産者と消費者の実際のコメ市場価格をそれぞれ，生産者米価と消費者米価とする．
8) BULOGはコメ以外にも砂糖や小麦粉などの輸入も独占していた．BULOGの輸入業務の委託は華人系実業家に独占的に与えられていた．コメや砂糖の輸入に関しては，ゴー・スウィー・キー・グループが担当し，小麦粉の輸入は，サリム・グループが行っていた（Robison *op. cit.*: 215-6）．
9) シーリング・プライスはBULOGの地方出先機関であるDOLOGとSub-DOLOGによって毎日調査されており，その価格動向については翌日にBULOGに報告されていた（ジャカルタの米価は当日に報告）．データの送信については，Sub-DOLOGからDOLOGへは無線通信が使われ，DOLOGからBULOGへはテレックスが利用された（Amang *op. cit.*: 44）．
10) KLBIについては，政府の経済調整チームとIMFとの合意の下で，中銀が国内のベース・マネーの増加に配慮して融資の大枠が決められた（Cole and Slade 1996: 42）．
11) 1990年に，BULOGの価格安定政策や，農業経営融資，住宅向け融資などに限定されるようになった（Cole and Slade *op. cit.*: 90）．
12) BULOGの人件費や運営費は，買いオペによって調達したコメのバジェット・グループへの売却によって賄われた．財務省はBULOGから一定の価格でコメを買い，軍や公務員に配給していた．この制度は経済危機のなかで廃止された．
13) 融資の手順は，BULOGがBRIに調達に必要な額の見積もりを送り，BRIがその見積りを中銀に提出することになっていた（中銀へのヒアリングに基づく，2007年3月）．
14) スタンフォード大学のFalcon教授を中心としたコメ政策研究チーム．
15) 趨勢自給化政策の根拠については，Dawe（1995）の試算がある．デーウは，BULOGによる米価安定政策が物価の安定を通じた経済成長をもたらしてきたとする一方で，BULOGのオペレーションによる経済成長への貢献度は，1969-74年の平均16.4％から1989-91年の平均3.8％へと低下してきていると述べている．

第 2 章　緊縮財政と米価安定政策の縮小　　　　　　　　　　　　　　71

デーウはこの原因として，経済に占めるコメの重要性が低下してきていることを挙げ，今後の価格安定政策には輸入米を活用し，備蓄米の量を減らすべきであるとしている．

16)　肥料補助金の削減額は 2 兆 1,000 億ルピアにのぼった（米倉 2003: 18）．

17)　コメ輸入の自由化が開始される前の 1997/98 年では，BULOG のコメ輸入 300 万トンの割り当ては，12 の財閥系企業に与えられていた．そのうち約半分がスハルト大統領と近い関係にあるスドノ・サリムが所有する企業であった（Arifin, et al. 2001: 79）．

18)　Cole and Slade (*op. cit.*: 95) は，当初の KLBI は社会と経済の発展のために資するものであったが，すぐに特定のグループに利用されるようになり，汚職の源泉となったとしている．また，KLBI は KUD による不適切な流用が行われ，農村レベルでの政府の支持の取り付けに使われる場合もあったようである（Ibrahim, M., *Risk Management: Islamic Financial Policies Case Study of Bank Indonesia*, www.basis.wisc.edu/live/rfc/cs_06c.pdf）．

19)　KLBI の打ち切りによって，KLBI を原資としていた KUT（農業経営融資）も改革されることになった．KUT は 2000 年に廃止され，代わって KKP（食糧保障融資）が導入された．KUT の貸付主体が政府であったのに対し，KKP は一般の銀行が貸し付けを行い，政府はその利子補塡を行うことになった．政府は利子補塡の程度を引き下げることで投入財補助の負担を次第に削減していくことが可能になった（米倉 2003: 20）．

20)　米倉（2003: 20）は，98 年 5 月に輸入・流通補助金が 4 兆 7,000 億ルピア手当てされたが，生産者米価の高騰により十分な量のコメ調達ができなかったとしている．

21)　政府は 2004 年からコメ輸入の禁止措置をとっているが，国内のコメ需給は安定せず，緊急的な輸入に頼らざるをえない状況は変わっていない．

22)　政府は貧困者向けのコメ供給を行っているが，供給するコメを BULOG から HPB（Harga Pokok Beras）と呼ばれる基準価格で買い取っている．BULOG にとっては，調達したコメの生産者米価と HPB の差額が政府からの補助金となる．

23)　コメ調達用の資金不足から，政府は 1999 年にマレーシア政府から 50 万トンのコメ輸入代金の融資を受けている（*The Jakarta Post*: Aug. 31, 1999）．さらに 2002 年にはコメ輸入代金としてイスラム開発銀行に 1 億ドルの融資を要請している（*The Jakarta Post*: Jan. 14, 2002）．資金難に陥っている BULOG は，政府に対し KLBI の復活を求めているとのことである（ランプン大学の Bustanul Arifin 教授の情報に基づく）．

24)　南スラウェシ州では，政府から BULOG への調達資金が滞った結果，コメの調達に支障が出て，農民から不満の声が上がっている（*The Jakarta Post*: Feb. 18, 2000）．

25) カラワン県レンガスデンクロック郡の KUD では 8,000 トンのコメの調達代金である 2,400 億ルピアが後払いになっている (Arifin, et al. *op. cit.*: 55).
26) ラスキン米の配分については,スハルト時代の村落保全委員会 (LKMD: Lembaga Ketahanan Masyarakat Desa) のような組織が決定することになっているが,汚職や流用によってコメが目標としている人に届かない事例が報告されている (*The Jakarta Post*: Jan. 14, 2002).
27) 流通業者が収穫期のコメを退蔵し,米価が上昇する収穫前の 2 月から 3 月に市場に放出している事例があり (*The Jakarta Post*: Jan. 13, 2006),こうしたコメの退蔵によって 25% の消費者米価の上昇がもたらされたとの報告もある (*The Jakarta Post*: Jan. 14, 2006). 1970 年代,80 年代には小規模単位であった流通業者は,BULOG のコメ調達・輸入業務の委託を受け,さらには 90 年代のコメ消費量の急上昇にともなって急速に発展してきたが,経済危機後の BULOG の機能縮小によって,流通業者のプライス・メイカーとしての存在は拡大し,かつ固定化した可能性が考えられる.
28) 唐辛子の価格が高かった頃,多くの農民が米作を放棄して唐辛子生産を始めたことがあったが,結果として唐辛子価格が下がり,収益が得られなくなったことがあった (現地 NGO である La Via Campesina へのヒアリングに基づく 2007 年 2 月 27 日).

第3章

水資源政策の展開と米作農家

1. コメ自給達成以降の灌漑政策の縮小

(1) 灌漑政策の展開とコメ自給の達成

　独立後の政府の主要な政策課題は，コメの増産であった．当時は600%ものハイパー・インフレが生じ外貨準備が減少するなどマクロ経済状況は混乱状態にあり，コメの増産による米価の安定と，輸入米の減少による外貨準備の節約が期待された．スハルト大統領は，1960年代後半から5カ年計画を策定し，コメ増産のための改革を打ち出した．政府は，米作の需要面の改革として，生産者から安定した価格でコメを買い上げる米価安定政策を実施する一方で，供給面からは，ビマス計画，インマス計画による肥料・農薬の供与や，コメの品種改良に加え，灌漑施設への投資も行った．

　コメ増産を目的とした改革により，コメの生産性は急速に高まった．図3-1は1970年から2010年までの，アジア諸国のコメの生産性の推移を示している．70年では，各国の反収はいずれも1ヘクタールあたり2トン前後であったが，80年代以降，緑の革命を経て生産性が増加していることがわかる．とくにインドネシアとベトナムの生産性の向上が著しく，インドネシアの場合，コメの反収は70年には2.38トンであったが，75年に2.63トン，80年に3.29トン，そして，コメ自給を達成した翌年の85年には3.94トンにまで上昇した[1]．その後，政府のコメ政策が完全自給から趨勢自給へと移っていくなかで，政府の米作部門への投資が抑制された結果，反収は横ばい

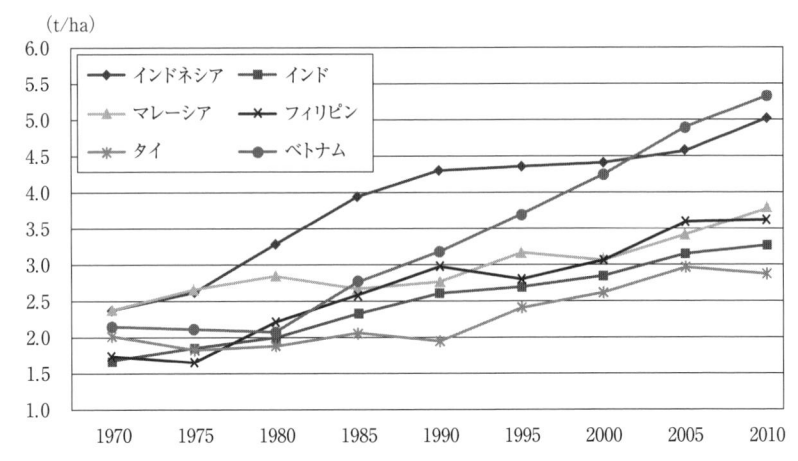

出所：*FAOSTAT*（国連食糧農業機関オンライン統計データベース，URL は巻末を参照）のデータをもとに筆者作成．

図 3-1 アジア各国におけるコメ（籾米）の生産性の推移

に転じているが，近年，食糧増産に向けた取り組みの結果，再び反収の増加が見られる．

供給面の改革のなかでも，灌漑整備がコメ増産に与えた影響は大きかった．灌漑整備はコメ生産の基礎的条件の改善をもたらし，品種改良や肥料・農薬などの投入要素の前提条件である（水野 1993: 4）．インドネシアの灌漑では，バリ島に古くから存在するスバックや中部ジャワ州のダルマ・ティルタなどの，村落の自治的組織による伝統的な灌漑システムが知られている．しかし，コメ増産を目的として政府が進めた灌漑整備は，こうした小規模施設ではなく，近代的土木技術に基づく大規模施設であった[2]．

インドネシアではオランダ植民地期の 19 世紀前半から灌漑開発が行われたが，これらの施設は独立戦争のさなかで劣化していった．政府は，灌漑整備にあたって，まず老朽化した施設の修復から着手した．1969 年からの第 1 次 5 カ年計画では，17 万ヘクタールの新規灌漑面積の拡張に対して，96 万ヘクタールの施設修復が行われた．その後は，主に世銀，ADB，日本などからの援助を受けて，新規大規模灌漑の建設が進められ，69 年から 89 年ま

第3章 水資源政策の展開と米作農家

表3-1 灌漑の種類とコメの収穫回数 (1985年) (%)

		テクニカル	セミ・テクニカル	ノン・テクニカル	その他
一期作	ジャワ	14.7	15.6	13.6	25.0
	スマトラ	1.8	5.4	13.3	32.1
	バリ・ヌサトゥンガラ	0.6	6.3	2.8	2.5
	カリマンタン	0.1	0.8	5.8	22.7
	スラウェシ	1.7	3.1	5.4	9.1
	合計	18.9	31.4	40.9	91.5
二期作	ジャワ	66.8	38.4	27.4	4.0
	スマトラ	6.0	14.5	17.2	1.4
	バリ・ヌサトゥンガラ	2.0	9.9	3.6	0.0
	カリマンタン	0.2	0.2	2.1	2.1
	スラウェシ	6.0	5.6	8.9	1.0
	合計	81.1	68.6	59.1	8.5
合計	ジャワ	81.5	54.1	41.0	29.1
	スマトラ	7.9	19.9	30.5	33.5
	バリ・ヌサトゥンガラ	2.6	16.3	6.4	2.5
	カリマンタン	0.3	1.0	7.9	24.8
	スラウェシ	7.7	8.8	14.2	10.0
	合計	100	100	100	100

出所:*Luas Lahan menurut penggunaannya di Jawa/Luar Jawa 1985* のデータを抜粋.

での20年間で合計320万ヘクタールが整備された．灌漑整備によって，多くの地域でコメの二期作が可能になり，水が豊富な地域では三期作が行われるようになった．

表3-1は，1985年における灌漑施設の種類別の割合とコメの収穫回数の関係を表している．灌漑効率が最も高いテクニカル灌漑[3]の水田のうち，一期作を行っているのが19%で，二期作を行っているのが81%である．同様に，セミ・テクニカル灌漑では31%，69%，ノン・テクニカル灌漑では41%，59%，天水田などのその他の水田では91%，9%となっており，近代的な灌漑施設になるにしたがって，二期作を行っている地域が多くなっていることがわかる．地域別では，テクニカル灌漑の水田のうち82%がジャワ島に集中している．セミ・テクニカル灌漑とノン・テクニカル灌漑の水田でもそれぞれ，54%，41%がジャワ島に存在しており，ジャワ島を中心とし

た灌漑整備が進められてきたことがわかる．他方，カリマンタンや，スラウェシ，バリ・ヌサトゥンガラでは，テクニカル灌漑はわずかしか整備されておらず，天水に頼った地域が多い．

インドネシアでは，こうした海外からの援助による灌漑整備によって，コメの生産性向上が可能になり，1984年にコメ自給を達成することになった．

(2) 構造調整による灌漑政策の縮小

1980年代に入り原油価格が下落し，インドネシアにとってのオイル・ブームは終わりを告げた．当時は国家予算の多くを原油収入に頼る財政構造であったため，原油価格の下落はそのまま，財政規模の縮小につながった．政府は世銀による構造調整政策によって，財政支出の見直しを行うことになり，これまでの輸入代替工業化政策を体現してきた野心的な国家プロジェクトへの支出が削減されると同時に，すでにコメ自給を達成していたことから灌漑投資も削減対象となった．

表3-2は，1985年から2005年までの，インドネシア全土の水田面積に占める灌漑面積の割合を示している．コメ自給を目指す政府の積極的な灌漑投資により，灌漑面積の割合は85年の75.7％から90年の78.2％へと上昇した．その後，89年に策定された第5次5カ年計画の影響を受けて灌漑投資が抑制された結果，インドネシア全土の灌漑面積の割合は，90年を境に下

表3-2 構造調整以降の灌漑面積のカバー率
(％)

	1985	1990	1995	2000	2005
ジャワ	34.9	32.6	29.4	28.4	27.3
スマトラ	19.4	21.1	21.1	17.9	19.8
バリ・ヌサトゥンガラ	3.8	3.9	3.4	3.4	3.6
カリマンタン	9.8	12.9	12.0	8.2	8.4
スラウェシ	7.8	7.8	8.2	8.2	7.5
合計	75.7	78.2	74.2	66.0	66.6

注：灌漑面積は，テクニカル灌漑，セミ・テクニカル灌漑，ノン・テクニカル灌漑の合計．
出所：*Survei Pertanian: Luas Lahan menurut penggunaannya di Jawa/Luar Jawa* 各年版のデータを抜粋．

落を続け，2005年には66.6%まで下がってきている．地域別では多くの灌漑面積を有してきたジャワ島でのカバー率の低下が顕著である．このように，90年代以降の灌漑政策は従来の大規模かつ中央集権的な灌漑整備から路線変更を迫られることになった．

(3) 財政負担の軽減と灌漑賦課金の導入

政府は1987年に，新たな灌漑整備の方針を定めた灌漑施設維持管理政策 (Irrigation Operation and Management Policy: 以下，IOMP) を策定した．IOMPは，より効率的な灌漑整備を進めるという前提に立ち，従来までの政府主導の大規模灌漑整備から，末端の水利組合による灌漑の維持管理という住民参加型の灌漑整備への移行を目的としていた．IOMPの具体的な柱は，水利組合の強化と灌漑賦課金 (Iuran Pelayanaan Irigasi: 以下，IPAIR) の導入であった．

水利組合は，スハルト政権のコメ増産政策のなかで，1969年から組織化が進められた．植民地期に形成された灌漑管理は末端水路での統一性や秩序が欠けており，灌漑施設の整備とともに，圃場段階での水利用を効率化するために水利組合が設立されることになった[4]．こうした水利組合は，IOMPによって，県当局に認可された水利組合 (Perkumpulan Petani Pemakai Air: 以下，P3A) へと移行することになった．

IPAIRは，灌漑の基幹水路の維持・管理費用として，灌漑用水利用者に課せられる．IOMPによって，政府は灌漑整備に関する権限をP3Aに移管していくことにしたが，基幹水路の維持管理費についても，P3Aを通じて農民から徴収されることになった[5]．

1980年代以降，インドネシアを含む多くの途上国で住民参加型の灌漑政策が打ち出されることになったが，こうした灌漑政策の変化には，それまでの政府による経済への介入を基礎とした開発政策から，自己負担原則を強調する開発政策への転換が影響している．たとえばRepetto (1986) は，それまでの政府主導の灌漑政策について，官僚や援助機関および政治家はコンサ

ルタントや建設企業に対する配慮から大規模灌漑建設に傾斜しがちであり，また，農民も無料で灌漑用水を利用できることから灌漑施設の維持管理費用がどれだけ大きくなろうとも無関心であり，結果としてレント・シーキングが生じていると述べている．レペットは，レント・シーキングを防ぐためには水資源利用の自己負担原則が必要であり，農民からの灌漑費用の徴収を提言している[6]．

これに加えて，1980年代半ば以降の財政支出の見直しも灌漑政策の変更に大きな影響を与えたと考えられる．政府はIOMPの策定によって，水利組合の機能強化とIPAIRの導入を打ち出したが，Bruns（2004）が指摘するように，政府は本質的な水利組合の機能強化には熱心ではなかった[7]．政府は，水利組合の必要性を，コメ増産のための物理的受け皿としてのみ認識し，水利組合の組織化を政府主導のトップ・ダウン式に進めた．水利組合長が地元有力者との関係で選ばれることもあるなど，自治的な組織としての機能強化はなされなかった[8]．結局，水利組合は，IPAIRを県政府の銀行口座に振り込むだけの組織になっていった．住民参加型灌漑整備を掲げたIOMPではあったが，実際は，IPAIRの導入による，政府の灌漑整備にかかる財政負担軽減の側面が強い改革であったといえる．こうして，灌漑政策の縮小にともない，1990年以降のコメの生産性の伸びは頭打ちになっていく（図3-1）．

(4) 経済危機とWATSALの開始

従来の水資源政策に大きな修正が加わることになったきっかけは，世銀の水資源部門構造調整融資（Water Sector Structural Adjustment Loan: 以下，WATSAL）であった．

WATSALは，経済危機に端を発する国際収支危機を乗り切るための，インドネシア支援国会合[9]による再建プログラムの一環として，1999年から2004年まで実施された．WATSALは総額3億ドルの融資であり[10]，融資額が大きいことに加え，融資の形態が，道路整備や港湾開発などのような使

途が決められているプロジェクト・ローンではなく,財政赤字の埋め合わせに利用できるプログラム・ローンとしての融資であり,政府にとっては財政赤字を補塡する上で,使い勝手のいい融資であった.

WATSALの融資条件には,灌漑部門の改革,部門横断的な水利用の調整枠組みの策定,水資源開発への民間活力の導入などが盛り込まれており,これに応じて政府は,参加型灌漑開発のための法制度の改革,生活用水や産業用水などの新たな水需要と灌漑用水との水利用調整のための制度づくり,飲料水事業への民間企業の参入のための法整備など,水資源部門の構造改革を進めることになった.

経済危機後の構造改革によって,従来の,国家による灌漑中心の水資源政策から,参加型開発手法や民間部門主導の開発手法を取り入れた包括的な水資源政策へと転回していく.

(5) 水資源法の制定

水資源部門の構造改革は,2004年に水資源法の制定という形で結実した.水資源法の前文には,以前の水資源開発法は,利用可能な水資源が減少する一方で水需要が増加し続けている現状や,人々の生活様式の変化に対応しておらず,水を社会的,環境的,そして経済的に調和のとれた形で管理する新しい法律が必要であると記述されている.水資源法は幅広い分野にまたがって水資源の取り扱いについて規定した法律であり,その影響は灌漑,飲料水,水力発電,水資源管理・保全の主体など,さまざまな水利用のあり方に及んでいるが,本書との関係では,水利用権の導入と,それに伴う水資源部門への民間参入の促進が注目される.

水利用に関する権利は,古くからバリのスバックやジャワのダルマ・ティルタのような自治的な灌漑システムの枠組みのなかで,いわば慣習的な権利として存在してきたが,水資源法によって初めて,法的な意味での水利用権が導入されることになった.水資源法が規定する水利用には,まず一般的な意味での水利用権(Hak Pakai Air)があり,そのなかに,日常の生活需要

を満たすための水利用や，小規模農家の灌漑利用などについての権利である「水利権」(Hak Guna Pakai Air) と，水の商業利用のような水資源を開発する権利である「水開発権」(Hak Guna Usaha Air) がある[11]．これらの水利用権を取得するには，水利用の中身に応じて中央政府か地方政府からの許可が必要となり，また，水利用権の取得により，権利保有者は水資源管理費の支払いが義務づけられる[12]．

水利用に関する法的権利である「水開発権」の導入は，民間企業の水資源部門への参入を促す意味を持っている．1974年の水資源開発法では，民間企業が水資源開発を行う場合は，「水開発権」のような法的権利を必要とするのではなく，政府から事業許可を得るだけで可能であった．同法の第5条では，健康的で，衛生的かつ生産的な生活を営むために必要である基礎的な水を利用する権利を国家が保証すべきとしているが，新たに民間企業に与えられる法的権利である「水開発権」は，この権利と同列で扱われ，従来よりも民間企業による水資源開発を推し進める可能性がある[13]．

水資源法では，「水利権」と「水開発権」の売買および貸借は禁止されており[14]，企業が農家から「水利権」や「水開発権」を買い取り，事業を拡大することは出来ない．しかし，「水開発権」について規定している第9条では，「水開発権」の保有者が他人の土地の上に引水をする場合は，その土地の保有者へ補償をしなければならない，とされており，事業地周辺の住民への補償次第では従来よりも事業の拡大が容易になると考えられる．また，水利用の争いについて規定した第88条では，水利用の争いが発生した場合には，まず当事者同士の話し合いが行われ，それでも解決しない場合は第三者の仲裁がなされるか，法廷で審議されると述べられているが，実際に水利用をめぐって企業と農民との間で争いが起きた際は，企業側に有利な判断が示されることが多い[15]．世銀の担当者は，「水利権」を設定することによって，農民の水利用の保護を法的に根拠づけることができると述べている[16]が，企業側にも「水開発権」の取得が認められていることから，企業と農民の法的な力関係に変化があるかどうかは不透明である．水資源法の制定が国会で議

論されていた時には,「水開発権」の導入は水の商品化を促進するとして,農民による抗議デモが相次いでいる(*The Jakarta Post*: Feb. 20, 2004). このように,「水開発権」の導入は,ボトル入り飲料水企業のような水資源開発を行う企業の生産活動を後押しする役割の一端を担っていると考えられる.

灌漑政策の変化と同様に,水利用への法的権利の確定には,市場原理を重視する新古典派経済学的な開発思想が影響している.新古典派経済学の理論的基礎には私的所有権の経済効率性があり,たとえば土地が共有されている場合は,個人がその土地から完全に利得を得ることができないため,個人はその土地を保全したり,土地の生産性を高めるような投資をしなくなることから,土地が高付加価値を生み出すような利用をされず生産が停滞するとする一方,土地の私有権を確定することで,その土地の利用権を他者と融通し合うことが可能になり,土地が高付加価値の利用に集約され,土地利用の効率化を通じて生産の増大が実現すると考える(Alessi 1987).法的権利がないままに資源を共同で利用している場合には,個々人が無責任に資源を利用するため,結果としてそれが資源の過剰利用につながるという,「共有地の悲劇」が発生すると考えられており,「共有地の悲劇」を回避するためには,個々人の資源利用に法的な権利を設定し,他人の権利を侵さないようにすることが必要であるとする.様々な資源や資産に明確な私的所有権が設定されていないことは,経済発展に対する制度的障害とみなされるため,国家による私的所有権の設定によって各権利保有者間の競争を促し,市場メカニズムを機能させることが求められるようになる(Harvey 2005: 95).

世銀の構造調整融資である WATSAL の下で制定された 2004 年の水資源法は,こうした私的所有権に基づく市場原理の導入という観点から理解できる.水資源部門への市場原理の導入は水を商品として扱う素地を整え,水ビジネスを生み出している.

2. ボトル水市場の拡大と多国籍飲料水企業の参入

(1) 拡大するボトル水市場

現在,世界でボトル入り飲料水市場が拡大している.1970年代にはボトル入り飲料水(以下,ボトル水)の消費量は10億リットルにすぎなかったが,2000年には840億リットルへと飛躍的に増大している(Barlow and Clarke 2002: 135).インドネシアにおいても同様に,ボトル水市場が急速に拡大している.

図3-2は,1999年から2006年までの,インドネシアにおけるボトル水企業の数(2001年から)と販売量(2005年まで)の推移を示している.企業数は2001年の246社から毎年増加しており,2005年には480社に達し,この間にほぼ倍増している.販売量は1999年には24億リットルであったが,2000年に37億リットル,2001年に54億リットル,2002年には71億リットルに達し,3年間で3倍にまで増加している.2003年以降も,毎年10億リットルずつ販売量が増え,2005年には100億リットルに達した.

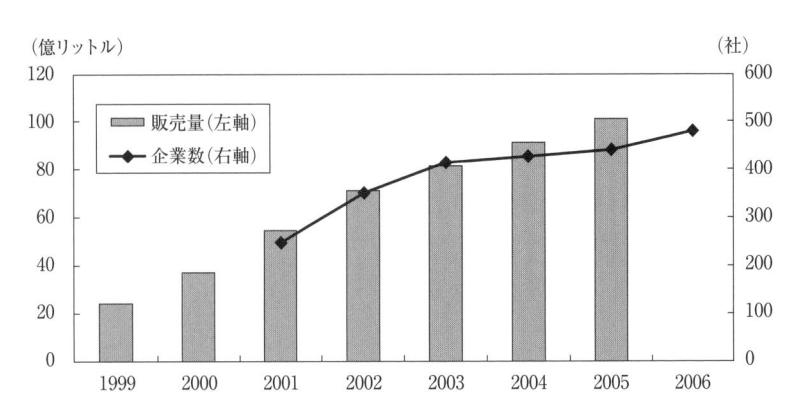

出所:*Warta Ekonomi*: Jan.31, 2007をもとに筆者作成(元のデータはインドネシアボトル入り飲料水企業協会).

図3-2 ボトル水企業の数と販売量の推移

第3章 水資源政策の展開と米作農家

インドネシアにおけるボトル水の生産は1973年に始まった．その時の生産能力は年間600万リットルにすぎなかったが，2005年では126億リットルへと拡大している．インドネシアボトル入り飲料水企業協会（Asosiasi Perusahaan Air Minum Dalam Kemasan Indonesia: 以下，ASPADIN）によれば，この国での1人あたりのボトル水の消費量は年間36リットル（2004年）で，イタリアの165リットル，フランスの140リットルに比べてかなり低く，タイの70リットルと比べても約半分程度であり，今後もボトル水市場の拡大が見込めるとしている．

ボトル水市場の拡大の背景には以下の3つの要因が考えられる．1つ目は，安全な水に対する意識の高まりである．近年，開発政策において，市民の衛生状態の改善が主要な議題になっており，2000年の国連ミレニアム・サミットで定められたミレニアム開発目標では，2015年までに安全な飲料水と衛生設備を利用できない人の割合を半減することが掲げられている．安全な飲料水へのアクセスの向上は，市民の衛生状態の改善の重要な手段として，さらには，人間の潜在能力の実現に必須なものとして認識されている．

2つ目は，安全な水に対する意識と裏表の関係にある，水道水の質の問題と水道普及率の低さである．同国の水道事業は地方公営企業であるPDAM（Perusahaan Daerah Air Minum）が運営しているが，PDAMの多くは水道料金による費用の回収が徹底されておらず維持管理費が不足している．PDAMの水道施設は老朽化が進み，新規の水道建設も進まないことから，良質な水道水を提供できない状態にある．たとえば，首都ジャカルタでは，1991年時点で水道普及率はわずか20％で，大半の人々は井戸水を利用していた．その後，97年にジャカルタの水道事業は民営化されることになり，ジャカルタのPDAMであるPAM Jayaの事業は，ジャカルタの東半分がイギリスのテムズ・ウォーター社が出資するPT. Thames PAM Jayaに，西半分がフランスのスエズ社が出資するPT. PAM Lyonnaise Jayaが行うことになった[17]．しかし，両社とも，水道料金の上限規制を理由に設備投資を手控えており，民営化後もジャカルタの水道水の供給状態は改善されてい

ない.

3つ目は経済的要因である.経済危機後のインドネシアでは,安定した経済成長を背景に都市部を中心に所得が上昇すると同時に,インフレ率の低下により食料品の価格が安定し,ボトル水の消費が拡大している.また,1988年からボトル水に課せられてきた奢侈品税が2000年に廃止され,消費者にとって購入しやすい商品価格になったことも,消費の増加に寄与している.

(2) 多国籍飲料水企業の参入

ボトル水市場の広がりのなかで,多国籍飲料水企業による販売シェアの獲得競争が進んでいる.インドネシアのボトル入り飲料水市場で最大の販売シェアを誇っているのは,フランスの食品会社ダノン社のブランドであるアクアで,全体の約半分を占めている(2006年).アクアに次ぐ販売シェアをもっているのは,コカ・コーラ社とネスレ社の合弁会社のブランドであるアデスである.この2つの多国籍企業のブランドの販売シェアをあわせると,市場全体の半分を超える.その他のブランドも数多く存在しているが,アクアやアデスといった主要ブランドにその他国内資本の有力ブランドをあわせた大手10社で70%程度のシェアを占めている(*Investor Daily*: Nov. 27, 2006).

多国籍飲料水企業の参入には,1998年の経済危機以降の外国投資に関する規制緩和政策が影響している.外国企業の投資に関しては,1967年の外国投資法によって長く規定されてきたが,1994年政令第20号によって外国資本100%の企業の設立が認められるようになった.経済危機以降はIMFプログラムの下でさらなる規制緩和が進み,大統領令2000年第96号と2000年第118号において,投資対象外部門を定めたネガティブ・リストが改訂された.また,大統領令2004年第24号では投資のワンルーフ・サービス[18]が発効し,投資の手続きが簡略化されている.

投資分野の規制緩和により,多国籍飲料水企業の参入が相次いでいる.アクアブランドをもつダノン社は,1998年にボトル水市場に参入している.

ダノン社は同年，地元資本である PT. AQUA Golden Mississippi 社[19]と合弁会社 PT. Tirta Investama 社を立ち上げ，アクアの販売を開始した．ダノン社はその後，PT. Tirta Investama 社の株式取得を進め，2001 年には株式保有率は 40% から 74% になり，筆頭株主となっている．また，Ades ブランドをもつコカ・コーラ社も 2000 年に地元資本の PT. Ades Alfindo Putrasetia 社と業務提携をし，その後，コカ・コーラ社とネスレ社の合弁会社である Water Partner Bottling 社が Ades 株の 68% を保有するに至っている．

多国籍企業の生産技術を導入したい地元資本と，国内ですでに知名度が高いブランドを保有したい多国籍企業との利害が一致し，合弁事業による飲料水生産が始まったが，アクアやアデスの株式の取得状況に見られるように，実質的な経営権は多国籍企業側に移っている．

(3) 飲料水詰め替え業への規制

多国籍飲料水企業は，国内飲料水企業の株式の取得によって，ボトル水市場でのシェアを獲得するとともに，以下のように政府の政策を利用しつつ，市場自体の拡大をも進めている．

ボトル水の普及に伴い，ジャカルタ首都圏を中心として，使用済みボトルに飲料水を詰め替える，飲料水スタンドと呼ばれる商法が登場した．消費者は，家庭向けディスペンサー用の 5 ガロンの使用済み大型ボトルをスタンドに持ち込み，そこで，業者が精製した飲料水を充塡する．価格は 1 ガロンあたり 2,500 ルピアで，通常の販売額（8,000～10,000 ルピア）の半分以下で済むこと（*The Jakarta Post*: Dec. 5, 2003)，また，設備投資が安価なことと，商工省と地方政府からの事業許可があれば開業できたため，飲料水スタンドは急成長を遂げた．

他方，飲料水スタンドの急成長とは対照的に，ボトル水企業は売上が減少し，製品価格を下げざるを得ない企業も出てきた．こうした事態に対し，ASPADIN は飲料水詰め替え業者の飲料水は安全性が保証されておらず，

飲料水の品質基準を定めた1997年商工相通達第167号に違反しているとして，政府に安全性基準の強化を要請した．政府は2003年商工相通達第705号，2004年商工相通達第651号を発布し，これにより，飲料水詰め替え業者には，産業登録証と商業登録証の取得，水質基準保証書の取得，政府による水質検査の義務，などが課されることになった[20]．ASPADINは，詰め替え業者の登場によって低下したボトル水企業の市場シェアが回復するとして，こうした政府の措置を歓迎する意向を示している．

多国籍飲料水企業は，一方では，外国投資の規制緩和を背景にした国内企業の株式の取得により，ボトル水市場での販売シェアを高め，他方では，政府に安全性基準の導入を働きかけ，飲料水詰め替え業者を排除し，ボトル水市場の規模の拡大を進めている．こうした規制の緩和と強化を利用しつつ，多国籍飲料水企業は売上を伸ばしている[21]．

3. クラテン県における多国籍飲料水企業の取水活動と米作農家

(1) 多国籍飲料水企業の進出と灌漑用水の減少

ボトル水利用の広がりは，生産現場である地域社会にどのような影響を与えているだろうか．本節では，中部ジャワ州クラテン県において発生した，飲料水生産と灌漑利用を巡る飲料水企業と農民との対立について論じる．このような水を巡る企業と農民との対立関係は，インドネシア全土で一般的に生じているわけではなく，あくまで局所的な現象であるが，グローバリゼーションと経済構造改革が進展するインドネシアにおける水問題の象徴的な事例と考えられる．

クラテン県はジャワ島の中部に位置する中部ジャワ州にあり，観光地として有名なソロやジョグジャカルタに隣接している．クラテン県の人口は130万人（2006年）で，労働力人口のほとんどが米作に従事しており，その他，鉄製品，煉瓦・陶器，衣料品，木材製品などが基幹産業になっている．

クラテン県の北西には標高2,900メートルのメラピ山があり，そこからク

第 3 章　水資源政策の展開と米作農家　　　　　　　　　　　87

出所：Google Earth.

図 3-3　5 郡の位置関係

表 3-3　クラテン県の土地利用の概要
(ha)

	2002	2003	2004	2005	2006
水田面積	33,618	33,579	33,541	33,494	33,467
宅地面積	19,883	19,895	19,933	19,920	19,938
その他	12,055	12,082	12,082	12,142	12,151
合計	65,556	65,556	65,556	65,556	65,556

出所：*Klaten Dalam Angka Tahun 2006*: 10, Table 1.3 および: 12, Table 1.5 を抜粋．

ラテン方面に向かって緩やかな扇状地が形成されている（図 3-3）．メラピ山の麓から出た豊富な湧水はいくつもの川となり，低地に向かって流れている．また，11 月から 5 月の雨季には 50 日から 60 日の降雨日が観測される．こうした地理的条件の下，この地域では伝統的に米作が盛んである．表 3-3 は，最近のクラテン県の土地利用の概要を示しているが，土地の半分以上が水田として利用されていることがわかる．この地域は，緑の革命によって他地域のコメ生産が拡大する以前は，この地域から全国にコメを供給するほど

有名な一大米作地帯であった．現在では，徐々に水田面積が減少し，その代わりに宅地面積が増えてきている．

　2001年に，豊富な水源に惹かれて，ダノン社がクラテン県に進出した[22]．ダノンは投資の許認可権をもつ中部ジャワ州に投資の申請を行い，これを受けて，クラテン県議会がこの投資案件の実行可能性に関する予備調査を行った．ダノンの経営能力や雇用創出などの地域への裨益効果に関する調査の結果，投資が認可された．ダノンは水源開発のための掘削事業と，年間3億リットルの生産能力をもつ工場の建設を行い，2002年10月からボトル水の製造を行っている．

　ダノンの操業開始と同時に，周辺地域の灌漑用水が減少し始めた．地元の農家の話では，工場が操業を開始してから，取水地に近い場所にある複数の灌漑用の水源の水位が下がっている．農民や地元のNGO団体は，灌漑用水の急激な減少は，上流部での工場による取水活動が原因であるとして，クラテン県議会に，ダノンの工場の操業停止と，当時申請中の新たな投資案件2件を認可しないように求めた．

　県議会は，ダノンは1999年政令第27号に定められた環境影響評価（Analisis Mengenai Dampak Lingkungan：以下，AMDAL）が未取得であるとして，ダノンに1億ルピアの罰金を課し，別の2社の飲料水企業の投資案件についても，認可しないことを決定した．

　ダノンは，当初は州政府からの許可に基づいて毎秒23.4リットルの取水を行う予定であったが，2004年になって，工場の維持管理費が予定よりかかることから，州政府に取水量を毎秒50リットルにできるように申請をした[23]．インドネシアでは毎秒50リットル以上の地下水を取水する場合，AMDALを実施する必要がある．ダノンは県議会の要請に従い，2005年にAMDALを行い，操業を続けている．

　ダノン側の説明では，飲料水生産のための水源と，農民が利用する水源とは別の水脈であり，工場の取水活動と灌漑水位の減少には因果関係はないとしている．しかし，農家は，自分たちが利用している地中の灌漑用の水脈は，

工場が取水している水脈の上に位置しており，工場が取水活動の際に地中に埋設したパイプは，途中で灌漑用の水脈を貫いていることから，灌漑用の水が工場の取水活動のために吸い上げられているとして，AMDALの調査結果に反論している．また，上流部での森林伐採によって土壌の保水機能が低下していることも考えられるが，かつてこのように急激に水が涸れ始めたことはないと述べている[24]．今後，さらなる検討が必要であるが，ダノンの取水活動が農民の灌漑利用に何らかの影響を与えている可能性が高いと言うことが出来よう．

(2) 水不足と作付け回数の減少

灌漑用水の減少は，米作農家の作付け回数の減少をもたらした．筆者の米作農家へのヒアリング調査の対象地区であるジュイリン郡クワラサン地区は，クラテン県の東の低地に位置している．ジュイリン郡へは，水源のある上流部のポランハルジョ郡からデラング郡を通って水が流れており，水源地（写真3-1）のチョクロトゥルンからジュイリン郡までは約9キロメートル離れている．水が豊富なこの地域では，以前は灌漑を利用してコメの三期作が行われており，また，この地域で収穫されるコメの品質も高いことで知られている．

灌漑用水の減少が始まった2001年以降，下流部のジュイリン郡ではコメの作付け回数が減少してきている[25]．灌漑として利用できる水の量は年々減少してきており，2007年現在で，クワラサン地区の水田面積128ヘクタールのうち，灌漑用水が行き届いている面積はわずか30ヘクタールにすぎない．水不足によって，乾季の収穫が困難になり，ほとんどの農家は三期作をあきらめて二期作へと作付け回数を減らしている．この地域では，高級米として知られるロジョ・レレ米の生産も行われていた．ロジョ・レレ米は通常のコメよりも収穫期間が長く（5カ月），稲の高さは1.5メートルにまで達することから，収穫が難しく，灌漑用水が少なくなってからは，ほとんどの農家がロジョ・レレ米の生産をやめている．

写真 3-1　水源地の様子（筆者撮影，2007年9月．以下も同じ）

　表3-4は2004年から2005年にかけての，ポランハルジョ郡，デラング郡，ウォノサリ郡，ジュイリン郡，カランドウォ郡の季節ごとの作付け面積の変化を示している（5郡の位置関係は図3-3を参照）．これら5郡は，ダノンによる取水活動によって水位が減少したとされる水源を灌漑用水として利用している地域である．乾期の5月から8月の収穫面積を見ると，上流部のポランハルジョ，デラングでは，増加ないしは微減にとどまっているが，下流部のウォノサリ，ジュイリン，カランドウォでは，大幅に減少していることがわかる．これは，雨が降らなくなり，利用できる灌漑用水が限られてくる

表3-4 5郡の季節ごとの収穫面積　(ha)

郡	2004				2005			
	1-4月	5-8月	9-12月	郡別計	1-4月	5-8月	9-12月	郡別計
ポランハルジョ	1,323	1,270	1,181	3,774	1,143	1,216	1,165	3,524
デラング	1,069	1,134	1,040	3,243	1,183	1,275	1,122	3,580
ウォノサリ	1,874	1,435	1,191	4,500	1,866	1,176	1,123	4,165
ジュイリン	1,599	1,534	1,225	4,358	1,502	1,399	1,356	4,257
カランドゥォ	1,821	1,449	1,598	4,868	1,943	1,157	1,968	5,068
収穫期計	7,686	6,822	6,235	15,875	7,637	6,223	6,734	15,526

出所：*Data Statistik Pertanian Dalam Angka Dan Grafik Kabupaten Klaten Tahun 2005*: 83, Table 5.1.1 および 2006: 79, Table 5.1.1 を抜粋.

中で，上流部の方で先に引水するため，下流部で利用できる水が少なくなっていることが影響している．もちろん，コメの生産は灌漑だけでなく，害虫の発生や天候にも左右されることから，この表だけでは灌漑用水の不足と作付け回数の減少の関係を正確に明らかにすることはできないが，実際にジュイリン郡クワラサン地区の20軒以上の農家にヒアリングを行った結果，すべての農家が水不足によって作付け回数を減らすか，作付け面積を縮小させているとの回答を得た[26]．また，クワラサン地区よりも下流のセレナン地区を訪れたところ，より多くの耕作放棄地（写真3-2）が見受けられた[27]．

作付け回数・面積の減少によって生じた余った農地は，そのほとんどが耕作放棄地になっている．国内の多くの地域では，コメと，パラウイジャと呼ばれるトウモロコシ，キャッサバ，イモなどの穀物類との二毛作が行われているが，この地域では，それは行われていない．農家によれば，米作よりも少ない水で生産が可能なトウモロコシの種を自治体から供与されて植えてみたことがあったが，土壌との相性が悪いせいで生産がうまくいかなかった，とのことである．作物の生産ができないため，耕作放棄地の土をレンガ業者に販売している農家もいる（写真3-3）が，こうした場合，土壌がやせてしまい次回のコメの生産に悪影響が出る，との声が聞かれた．

写真 3-2　耕作放棄地の様子

写真 3-3　レンガ用の土の採取跡

第3章 水資源政策の展開と米作農家　　　　93

写真3-4　地下水の揚水

(3) 米作のための地下水の汲み上げと収益の圧迫

　灌漑用水の不足によって一度耕作放棄地にすると，土地の生産性を回復するのが難しく，さらに，ネズミの発生によるコメの被害が増える．そのため，灌漑用水の代わりに地下水をポンプで汲み上げて水田を維持している農家も多い．約10パトック[28]（2.2ヘクタール）の水田に1つの割合で地下水を汲み上げるパイプが地中に埋まっており，水田に水を張る場合には，このパイプにエンジンのついた揚水ポンプ[29]をつなぎ，7～8メートル下の地中から水を汲み上げる（写真3-4）．

　表3-5はクワラサン地区の米作農家の1作あたりの売上と費用をまとめたものである．売上は1パトックあたり200万ルピアで，脱穀したコメを乾燥業者や精米業者に販売している[30]．通常の灌漑を利用した場合の費用は，米作の順序通りに，種苗に20万ルピア，耕起に10万ルピア，田植えに10万ルピア，除草に20万ルピア，肥料[31]に30万ルピア，農薬に10万ルピアが

表 3-5　1 パトックあたりの売上・費用

(ルピア)

売上		
売上計	2,000,000	(A)
費用		
種苗	200,000	①
耕起	100,000	②
田植	100,000	③
除草	200,000	④
肥料	300,000	⑤
農薬	100,000	⑥
取水（ポンプ使用の場合）	600,000	⑦
費用計（通常の灌漑）	1,000,000	(B：①〜⑥の計)
費用計（ポンプ使用）	1,600,000	(B'：①〜⑦の計)
収益（通常の灌漑）	1,000,000	(A)−(B)
収益（ポンプ使用）	400,000	(A)−(B')

出所：Jewiring 郡 Kuwarasan 地区の農家への筆者のヒアリング（2007 年 9 月）にもとづく．

かかり，合計すると 100 万ルピアとなる[32]．よって，農家の 1 パトックあたりの 1 作の収益は 100 万ルピアになる．

　他方，灌漑が利用できずに，揚水ポンプによって地下水を汲み上げた場合は，通常の灌漑利用に比べて生産費用が増大する．地下水を汲み上げ，1 パトックの水田に水を張るのには 1 日約 5 時間かかる．農家はこれを 1 週間に 1 回，3 カ月間行う．1 時間あたりの揚水機のレンタル代と動力源のガソリン代の合計が 1 万ルピアであるから，3 カ月間揚水した場合，揚水費用は 60 万ルピアになる．よって，1 回の生産にかかる費用は 160 万ルピアになり，収益は 40 万ルピアへと減少する[33]．

　通常の灌漑を利用した場合でも，収益の 100 万ルピアで 4 カ月生活しなければならず，1 家族で月に約 30 キログラムのコメを消費すると考えると，4 カ月の食費は 60 万ルピアになり[34]，収益のほとんどは食費に回さざるを得ないが，揚水ポンプを利用した場合の収益では，食費をまかなうにも不十分になる．また，水田への地下水の揚水は，農民の生活面にも影響を与えつつある．この地区では各農家に 1 つの井戸があり，生活用水として井戸水を利

用しているが，この井戸は，以前までは上層部まで水が満ちていたが，現在は下層部にようやく水が見える程度になっている．それでも1家族が生活するにはとくに困難はないようであるが，あまりに井戸水がなくなってきたときは，地下水の汲み上げを中止してもらうようにしているとのことであった．

揚水ポンプによる地下水の取水は，現在ではジュイリン郡やデラング郡などの下流域に多いが，最近では，上流域のポランハルジョ郡でも揚水ポンプの使用が始まっており，灌漑用水の不足地域は上流部へと近づいている．

(4) 企業誘致を優先する自治体

灌漑用水の不足という事態に対する行政の対応は鈍いと判断することが出来る．灌漑用水が少なくなった際，農民がクラテン県議会や県自治体に上流部での工場の取水活動を規制するように申し入れたが，行政は灌漑用水の不足は灌漑水路の老朽化が原因であるとして，AMDALの実施を求めたにすぎず，ダノンの活動を本格的に規制することはなかったようである．

こうした行政の対応には，2001年から始まった地方分権改革が影響している．従来は地域の開発計画の策定は中央政府主導で進められてきたが，分権改革によって多くの権限が地方自治体に委譲された結果，地域開発は自治体主導で行われるようになっている．多くの自治体では，企業の誘致が地域開発の主要な柱として位置づけられ，投資環境の整備が優先的に行われている．

クラテン県でのダノンの操業によって，中部ジャワ州およびクラテン県には，所得税や土地建物税，地下水利用税[35]などが納められることになるが，分権改革によってこれら税金の国から地方への分与率は以前に比べて高まっており，地方自治体の財政を支える貴重な財源になっている．また，ダノンの進出によって，地域に800人（2004年）の雇用が生み出されており，失業率の改善に貢献している．自治体としては，企業に対する規制をかけにくいのが現状である[36]．

まとめ

　本章では，インドネシアの灌漑政策および水利政策の変化について，自由主義的な経済改革との関連で分析した．灌漑政策は，1980年代半ばからの構造調整政策により，従来までのハード面の灌漑施設整備から，水利組合の設立というソフト面の整備へと重点が移り，灌漑整備にかかる権限は水利組合に移行された．しかし，この改革の主目的が中央政府の財政負担の軽減であったことから，自治組織としての水利組合の強化はなおざりにされ，灌漑の効率的・公平的な利用には問題が生じている．

　経済危機以降では，ボトル入り飲料水市場の急速な広がりを背景として，多国籍飲料水企業は投資の規制緩和と安全性基準の規制強化を利用しつつ，飲料水の生産規模を拡大させている．こうしたなか，ボトル水企業の取水活動による灌漑用水の減少という問題が生じており，クラテン県では，ダノン社の操業開始にともなって引き起こされた灌漑用水の不足によって，コメの収穫回数と収穫面積が減少している．米作を続ける場合にも，地下水を揚水ポンプで汲み上げなければならず，その費用が農家の収益を圧迫している．灌漑政策の縮小に加え，ボトル入り飲料水の生産という新たな水利用の出現により，基礎的食糧であるコメの生産は停滞している．

　経済のグローバル化と多国籍飲料水企業の進出によって，従来は「自然資本」や「公共財」として認識されてきた水が，急速に「商品」としての性格を強めている．インドネシアをはじめとした多くの途上国では農民や消費者の権利が十分に確立されておらず，こうした地域では，水の商品化がもたらす負の影響は大きい．飲料水市場の拡大が見込まれる中で，水利用をめぐるルール作りが求められていると言えるだろう．

注
1) タイのように高品質のコメを一期作でしか作っていないところもあり（水野正

第3章 水資源政策の展開と米作農家　　　　　　　　　　　　　　97

巳「農林水産政策研究所レビュー」No. 12, 2004 年），簡単な比較はできないが，その他の国との比較においては，インドネシアの生産性の向上は顕著である．
2) ジャワ島の伝統的住民灌漑については，大木（1990, 1991）を参照．
3) インドネシアの灌漑施設は，テクニカル灌漑，セミ・テクニカル灌漑，ノン・テクニカル灌漑に分けられる．テクニカル灌漑は，水配分の調整と計量を行う機能をもち，用・排水系統が分離されている，もっとも灌漑効率が高い施設である．セミ・テクニカル灌漑は水配分の調整は可能だが，水量の計測は取水地点でしか行えない施設で，灌漑効率は中位である．ノン・テクニカル灌漑は簡易な施設で，用水の調整や計量ができず，灌漑効率は最も低い（水野1993）．
4) 水利組合の設立の時期は地域ごとに異なっていたようで，一般的に，政府の灌漑投資が行われた後に，その地域に水利組合が組織されていたようである（水野1993）．
5) IPAIR は基幹水路の維持管理費であるが，これとは別に水利費も存在する．水利費は，末端の圃場段階で灌漑用水を利用した際に支払う費用で，地域によって出役や現物支給などの形で負担することもある．水利費は水利組合の人件費や末端の水路の整備に使われる．
6) 自由主義経済改革と灌漑政策の関係については Moore（1989）を参照．
7) ブルンズは灌漑管理の水利組合への移管に際して，当初の構想であった住民参加型の灌漑施設維持管理が，公共事業省主導の灌漑施設建設重視のアプローチにすり替わったと述べている．
8) メキシコでも同様の現象が報告されている．メキシコでは，1980 年代後半からの新自由主義改革のなかで，灌漑にかかる権限は水利組合に移管されることになったが，国が専門的技量を持った人材を水利組合に配置しなかったことから，水利組合が地方の有力者，とくに大規模農家の影響下にある状況は変わっていない（Wilder and Lankao 2006）．
9) インドネシアへ援助をしているドナー国・機関から構成されている．
10) 実際の拠出額は 1.5 億ドル．WATSAL の融資スケジュールは 3 段階に分かれており，3 段階目の 1.5 億ドル分は，メガワティ政権下の居住・インフラ省が，灌漑施設の維持・管理に関する権限を国から水利組合に移管することによって，農家に経済的負担が及び，灌漑施設のより一層の劣化につながるとして，WATSAL の融資条件に反対したため，取りやめになった．
11) Hak Pakai Air と Hak Guna Pakai Air は，日本語に訳すと，両者とも「水利権」となるため，本稿では前者を一般的な意味での「水利用権」とし，後者を「水利権」とした．
12) 水利権の取得については，日常生活の水利用と小規模灌漑（毎秒 2 リットル以下）の場合は，政府からの許可は必要なく，水資源管理費を支払う必要もない．なお，徴収された水資源管理費は，水資源管理のための施設建設（灌漑施設など）やその維持・管理のために使われる．

13) 政府の説明では，民間企業が水開発権を取得し水資源開発を行う際にも，従来通り，政府の許可が必要で，市民の水へのアクセスが脅かされるような場合は事業許可の取り消しが可能であるとしている．しかし，水資源法の制定をめぐって2004年6月に起こされた裁判では，陪審員のなかから，従来の事業許可という概念のなかにも水資源を開発する権利は含まれており，あらたに「水開発権」という法的な権利を設定すべきではないという意見も出ている（Al'Afghani 2006）．
14) 世銀は水利権についての調査レポートのなかで，現在まで様々な形で水の取引や再配分が行われてきており，効率的な水利用のためには，透明性のある，公平な水取引制度の導入が必要であるとしており，今後の水利権取引の動向が注目される．
15) Kurinia, et al.（2000）では，西ジャワ州の繊維産業と農民の水利用をめぐる紛争事例から，農民の利益はしばしば，企業や都市の強力な政治的・経済的権力によって失われる，と論じている．
16) 世銀ジャカルタ事務所 Ilham Abra 氏へのインタビューに基づく（2006年3月29日）．
17) ジャカルタの水道事業の民営化については，Harsono（2003）が詳細に論じている．水道事業の民営化への準備は1990年代に入ってから進められた．93年に，水道事業に参入するため，テムズ・ウォーター社がスハルト大統領の長男であるシギットと手を組み，PT. Kekar Thames Airindo 社を設立し，続けて，スエズ社も，有力財閥であるサリム・グループと合弁で PT. Garuda Dipta Semesta 社を設立した．両社はそれぞれ，シギットとサリムに同合弁会社の株式の20%，40%を与えた．また，当時の法律では，外国企業が水道事業に参入することは禁止されていたため，スハルト大統領はモクタール公共事業大臣に法律の改正を命じ，96年の内務大臣通達で，外国投資のネガティブ・リストから水道事業が除外されることになった．こうして97年にジャカルタの水道事業の民営化が始まったが，その直後に起きたアジア通貨危機の混乱と，それ以降の外資導入策によって，合弁会社は，テムズ・ウォーターとスエズの持ち株比率が高い形態に変わっていった．テムズ・ウォーターとスエズは，新会社である PT. Thames PAM Jaya 社と PT. PAM Lyonnaise Jaya 社の株式をそれぞれ95%所有し，両会社は2001年10月22日に水道事業の契約に調印した．ジャカルタの水道事業民営化については頼（2012）を参照．
18) このサービスは，外国投資手続きの窓口を投資調整庁に一元化するものであり，投資手続きの迅速化を目的としている．
19) PT. AQUA Golden Mississippi 社は，1973年に Tirto Utomo 氏によって創業され，インドネシアのボトル水業界ではパイオニア的存在であった．当時はブカシに工場があるだけであったが，ダノンとの合弁事業となった現在では，インドネシア各地に30の AQUA ブランドの工場が存在している（Danone AQUA のウェブサイトより，URL は巻末を参照）．

20) インドでも同様の事例が報告されている．インドに進出してきた多国籍飲料水企業は，すでに存在する先行業者を追い抜くために，インド政府へ安全基準の導入を働きかけた．2000 年 3 月にインド政府は安全基準を導入し，業者に 50 を超える品質検査を義務づけた（中村 2004: 62-3）．
21) インドネシアでのボトル水消費量は 2009 年の 130 億リットルから 2010 年には 145 億リットルへと増加しており，近年では毎年 10〜15% の伸びを見せている（*The Jakarta Post*: May 21, 2011）．
22) 本章では，水不足の要因について，ボトル入り飲料水の生産活動の観点から分析を行ったが，これに加えて，水道水の供給量の急増も水源の枯渇の要因として見逃せない．クラテンの PDAM の水源の数は 1994 年から 2006 年までで，7 から 10 に増加しており，水道水の供給量も 312 万立方メートルから 650 万立方メートルへと倍増している（*Klaten Dalam Angka Tahun 2006*: 262, Table 6.1.4）．また，クラテンは近隣のソロ市の水道水の供給源にもなっており，以前はソロの水道水の 50% がクラテンから供給されていたが，現在ではソロの都市化によってその割合は 75% に達している．
23) クラテン県議会副議長 Anang Widayaka 氏へのヒアリングに基づく（2006 年 3 月 1 日）．
24) クラテン県ジュイリン郡の農家へのヒアリングに基づく（2006 年 2 月 28 日）．
25) 灌漑用水が少なくなった後，ジュイリン郡のある地域では，乾季には農民同士による口論が絶えず，時には，農民グループ同士の争いにまで発展することもあった（地元 NGO である SHEEP Indonesia へのヒアリングに基づく，2006 年 2 月 28 日）．
26) その他，本来は乾季の方が日照りがあるためコメの生産がしやすかったが，水が少なくなってから乾季が始まる 6 月以降はとくに生産が難しくなっている，との声が聞かれた．
27) セレナン地区の近くにはソロ川が流れているが，川が低地にあるため，取水する場合には多額の費用がかかるとのことである．
28) ジャワ語では patok，インドネシア語では petak と呼ばれ，オランダ植民地期の土地区画の影響を受けている．
29) 耕耘機とパイプをホースでつなぎ，その動力で揚水する光景も見られた．耕耘機を自家所有している場合の費用は，ガソリン代（1 時間 4,500 ルピア）だけがかかる．
30) この他にも，農家自身が稲の刈り入れをせずに，流通業者に収穫を委託する形式もある．その場合の販売額は粒米での販売額よりも少なくなる．
31) 肥料の費用がもっとも大きな割合を占めているが，これは，2000 年に肥料補助金が廃止されたことや，天然ガスなどの，肥料の製造に必要な燃料の価格が上昇し，肥料そのものの価格が上昇していることが影響している．水野（1993）では，クラテン県に隣接しているスコハルジョ県の米作農家の生産費用について，肥

料・農薬の占める割合が36%であるとしているが，今回の調査では肥料・農薬の割合は40%になっており，肥料補助金削減による肥料費用の増大が窺える．
32) この費用には，種子や農薬・肥料といった物品費に加え，Buruh tani と呼ばれる，土地なしの農業労働者への賃金も含まれている．
33) この表では水利費の項目はなく，種苗，耕起，田植え，のそれぞれに水利費が分散されて計上されている．そのため，灌漑を使わずに揚水ポンプを利用した場合は，水利費を支払わないことになるので，実際の収益の減少額は揚水ポンプの取水費用から水利費を差し引いた額になる．水利費は，1 パトックにつき週1回1万ルピアで，月に4週間×1万ルピア＝4万ルピアになり，1回の収穫で3カ月×4万ルピア＝12万ルピアになる．よって，正確には60万ルピア－12万ルピア＝48万ルピアが収益の減少額になる．
34) コメの値段は1キログラムあたり5,000ルピアで計算．
35) 税金の他に，課徴金として，飲料水生産1リットルあたり4ルピアがクラテン県に，1リットルあたり15ルピアが水源のある村と工場のある村に支払われている．
36) この件について，ウィダヤカ氏に話を伺ったところ，「自分としてはダノンに，周辺農民への配慮をして欲しいと考えている」と述べていたが，ダノンの地域開発への貢献度も高いと考えているようで，議会としては企業に対して強い態度をとれないようである．

第4章
パーム油関連部門への国内外資本の展開[1]

1. 農園開発の歴史

(1) 植民地政策とプランテーション開発

　本章では，1980年代以降のパーム油関連部門開発の展開について，国内外の農園企業の事業展開や政府の農業政策に焦点を当てて論じるが，その前に，17世紀から19世紀にかけて，現在のインドネシアにあたる東インドで行われた，オランダ植民地政府によるプランテーション開発の歴史を振り返っておこう．現在，グローバリゼーションのもとで，インドネシアをはじめとした多くの途上国・新興国でプランテーション開発や資源開発が急速に進められ，深刻な環境問題や社会問題が起こっており，こうした現在の開発のあり方を過去の開発のあり方を踏まえて理解することが重要であると考えられる．

　ヨーロッパ諸国の植民地経営の歴史を描き，フランス革命前夜の啓蒙思想の広がりのなかで出版されたギヨーム＝トマ・レーナル『両インド史』（東インド篇上巻）には，オランダの植民地経営において中心的役割を果たしたオランダ東インド会社（Vereenigde Oost-Indische Compagnie: 以下，VOC）について詳細に記述されている．

　16世紀末，アムステルダムの大商人は，香辛料貿易の拠点であり，シナと日本への入国にも便利な地域に位置していたジャワ島を植民地化するべく，相次いで会社を設立した．その結果，オランダ国内の海洋商業都市のほとん

どに会社が設立されたが，競争激化により各社の経営は急速に悪化し，倒産寸前に追い込まれることになった．そこでオランダ議会はこれらの会社を国営会社として1つに統合し，ここにVOCが誕生することになった．

　VOCは，日本との交易を行う一方，植民地を巡ってポルトガルやスペインと戦争を行い，17世紀にはモルッカ諸島，ティモール，セレベス，ボルネオ，スマトラ，ジャワといった現在のインドネシアを構成する東インドを征服，コショウやナツメグ，クローブなどの香辛料や樟脳，砂糖，コメの独占貿易を進めた．VOCは，植民地経営に際して武力を用いただけでなく，東インド土着の小君主の子息をオランダ本国に送り，そこでVOCの権力と英知と忠実さを学ばせ，アジアにおいて，祖国も法律も主人も持たない海賊として描かれてきたオランダ人の悪評を振り払うことにより，支配を確固たるものにしていった（Raynal 1780: 246）．

　東インドでの貿易では，当初は売り手と買い手の相談による取引方法で価格が決定されていたが，VOCの政治上・経済上の優位が圧倒的なものとなるに従い，商品の価格も数量もVOCの方針に基づいて決定され，やがては西部ジャワのプリアンガン地域において義務供出制として商品の供出が制度化されるに至った（永積 2000: 171）．VOCは18世紀末に解散することになるが，その後のオランダによる東インドにおける植民地経営は，国家のもとでより政治的支配の色彩を強め，1830年にはジャワ島において強制栽培制度が実施された．

　強制栽培制度では，義務供出制が対象としていたコーヒーだけでなく，様々な商品作物の栽培が農民に課せられ，収穫物は植民地政府によって不当に安く買い上げられた他，労役や植民地政府に納入する収穫物の運搬，加工工場での労働も求められた[2]．19世紀後半に，オランダ本国においてジャワ島での強制栽培の実態が告発され，本国での批判が強まった結果，強制栽培制度は撤廃されることになるが，この制度はジャワの農民に水田耕作を放棄させ，農村の荒廃を招くことになり，19世紀中頃の中部ジャワで発生した大飢饉の原因の1つとされるなど，植民地社会に大きな影響を与えた．

第 4 章　パーム油関連部門への国内外資本の展開

　17 世紀以降，オランダは VOC あるいは国家による直接的な植民地支配によって莫大な利益を上げた．VOC は操業当初に，アジア貿易により多額の収益を積み上げ，1650 年には，株式配当の累計額と会社設立時の投資者が手にした資本利得を足した額が当初投資額の 13 倍を超え，総利回りは年平均 27% にまで達した．その後は，独占利益の重要性が薄れ，利益率は控えめな水準に落ち着くが，それでも VOC が 1660 年から 1780 年に支払った配当と利息は年平均で 200 万ギルダー，18 世紀に海軍支庁に支払った税金は年平均 50 万ギルダーであり，その他，VOC の銀行部門によるオランダ国内経済への資金供給や港湾都市での数千人の労働者の雇用を考慮すると，VOC はオランダの貿易と国内経済において中心的な役割を果たしていたと考えられる[3]．

　強制栽培制度のもとでも，オランダは商品作物輸出の売上や地税収入により 1870 年代までに総額 7 億 8,000 万ギルダーの収入を確保したとされ，この収入は，当時，ジャワ地域の反乱鎮圧に要した多額の支出にあえぎ，1 億 7,000 万ギルダーの累積債務を負っていた植民地政府と，ベルギーの分離独立による工業地帯の喪失に見舞われていたオランダ本国の財政危機を打開する役割を担った．また，オランダ本国に送金された収益は，本国内での鉄道の建設や公共事業に支出され，後の産業革命の財源として活用されることになった（宮本 2003: 97-100）．

　アダム・スミスは『国富論』において，オランダの植民地経営について，VOC による独占貿易により，植民地での生産物の買取価格はできる限り安く抑えられ，かつヨーロッパで高く売れる数量以上は買い取られなかったと指摘し，生産物の価値をつねに低下させるだけでなく，生産量の自然な増加を抑えることが独占企業にとっての利益となるような貿易のあり方は，植民地の自然な発展を抑えるために考え出されたとすら思える方法のなかでも最も打撃が大きいとしている（Smith 1791: 160-1）．また，ミュルダールも『アジアのドラマ』において，南アジアで 19 世紀後半から拡大した植民地政策によるプランテーション農業について，利潤が現地での資本源となる代わ

りに輸出とともにヨーロッパに送金されたこと，農業技術にはほとんど変化がなく，資本設備への需要が増加しなかったこと，熟練労働者はしばしば外から持ち込まれ，現地の労働力需要の増加は非熟練労働者に対してであったことを挙げ，プランテーションは西欧諸国の歴史のように工業化を推進したわけではなく，植民地では停滞している経済の真っただ中で繁栄部門になったにすぎないとしている（Myrdal 1971: 90-2）．VOCによる独占貿易や強制栽培制度は地域ごとに多様な影響を与えたと見られ，必ずしも「植民地＝搾取対象」という図式が当てはまるわけではないが，オランダの植民地経営により東インドのその後の発展が大きく制限された可能性も考慮しておくべきであろう．

(2) 独立後の農園開発

20世紀に入ってからは，先進工業国の自動車産業の発展によって，タイヤの原料であるゴムの需要が高まるにつれて天然ゴムの生産が拡大し，また，新たな輸出用作物としてパーム油の生産も開始された（Lindblad 2002: 126）．インドネシアでパーム油生産が始まったのは1911年であるが，このオランダ植民地期においてパーム油は植民地政府の主要開発部門であり，パーム油の原料であるアブラヤシの農園面積は1916年の1,200ヘクタールから38年の9万ヘクタールへと拡大した[4]．

1945年に日本からの独立を果たした後は，オランダとの独立戦争が起こり，また，スカルノ大統領のナショナリズムにもとづく経済政策によって外国資本所有の農園が国家に接収されるなど，政治的に不安定な時期が続き，農園開発は一時的に停滞した．接収されたオランダ農園企業は国営農園として経営を開始することになった．

1980年代半ば以降は，輸入代替工業化から輸出指向工業化へと経済構造が転換するなかで，政府の第5次5カ年計画において，農業部門の輸出指向化・アグリビジネス化が方向づけられた．輸出用作物であるアブラヤシ，天然ゴム，コーヒー，カカオや茶などの農園開発が推進され，また，パルプ，

表 4-1　主要プランテーション作物の農園面積　(1,000ha)

	アブラヤシ	ココナツ	天然ゴム	カカオ	コーヒー
1990	1,127	3,394	3,142	357	1,070
1995	2,025	3,724	3,496	602	1,168
2000	4,158	3,691	3,372	750	1,261
2001	4,713	3,897	3,345	821	1,313
2002	5,067	3,885	3,318	914	1,372
2003	5,284	3,913	3,290	964	1,292
2004	5,285	3,797	3,262	1,091	1,304
2005	5,454	3,804	3,279	1,167	1,255
2006	6,595	3,789	3,346	1,321	1,309
2007	6,767	3,788	3,414	1,379	1,296
2008	7,364	3,783	3,424	1,425	1,295
2009	7,508	3,799	3,435	1,587	1,266
2010	7,825	3,808	3,445	1,652	1,268

注：アブラヤシは2009年と2010年がそれぞれ速報値と推計値で，その他の作物は2010年が速報値．
出所：インドネシア農業省農園総局ウェブサイト（URLは巻末を参照）のデータを抜粋．

チップ，合板などの木材製品も，森林破壊への関心の高まりから農園面積自体は減少してきているものの，近年では，高水準の経済成長を続けている中国向けの輸出が増えてきている．

　表4-1は，インドネシアの主要プランテーション作物の農園面積を表している．1990年の段階では，ココナツと天然ゴムがそれぞれ339万ヘクタールと314万ヘクタールで，続いてアブラヤシが113万ヘクタール，コーヒー107万ヘクタール，カカオ36万ヘクタールとなっており，ココナツと天然ゴムの生産が大きなシェアを持っていた．90年代以降は，アブラヤシの農園面積が急速に拡大しており，95年には203万ヘクタールに達し，また，農園開発が自由化された98年以降も順調に伸び，10年には783万ヘクタールと，90年の水準の約7倍にまで達している．この間，アブラヤシ以外のプランテーション作物の農園面積の推移を見てみると，カカオが90年から2010年にかけて大きく増加しているほかは，ココナツ，天然ゴム，コーヒーの農園面積はほとんど変わっておらず，90年代からのプランテーション開発はアブラヤシ農園開発によって主導されてきたことがわかる．

2. パーム油市場の動向

(1) パーム油の基本的特徴

アブラヤシはヤシ科アブラヤシ属の植物であり，インドネシアやマレーシアをはじめ，ナイジェリアやコロンビアなどの赤道付近の熱帯地域で大規模に生産されている．アブラヤシ生産に適した地域として，標高300メートル以下，年間降雨量1,750〜4,000ミリメートル（加えて3カ月以内の乾季），年間平均気温24〜29度などとなっており[5]，インドネシアでは，広大な森林地帯を有するスマトラ島やカリマンタン島でアブラヤシ農園開発が進められてきたほか，近年ではパプアなど，東部地域での開発も計画されている．

アブラヤシは，土地の整地作業の後，苗を植えてから最初の収穫まで3〜5年ほどかかる．図4-1は，アブラヤシ収穫後の加工工程を示している．農園で収穫されたアブラヤシ果房（Fresh Fruit Bunch: 以下，FFB）は腐蝕が進まないように，24時間以内にパーム油の搾油工場へと運ばれる（写真4-1〜4-3）．工場へ運ばれたアブラヤシ果房は加圧消毒（写真4-4）された後，パーム果実，パーム核（種子），パーム繊維に分別される．パーム果実は搾油工程に回され，ここでパーム原油（Crude Palm Oil: 以下，CPO）が製造される．CPOはそのまま海外に輸出されるか，または，国内のパーム油精製工場へと運ばれる．パーム油精製工場では，CPOの精製が行われ，RBD（Refined: 精製，Bleached: 漂白，Deodorized: 脱臭）パーム油，RBDパームオレイン，RBDパームステアリンが生み出される（RBDは以下，「精製」と仮訳しておく）．これらの製品は輸出されるほか，国内の食品および工業向けの加工工場へと出荷される．他方，搾油工場で分別されたパーム核はパーム核油工場へと運ばれ，そこでパーム核油（Palm Kernel Oil: 以下，PKO）が生産される．パーム核油はパーム精製油と同様に，輸出および加工工場へと出荷される．アブラヤシ果房から搾油されるCPOとPKOの重量はそれぞれ果房の約22%と4%（2006年）であり，CPOの生産量の方が多い．また，

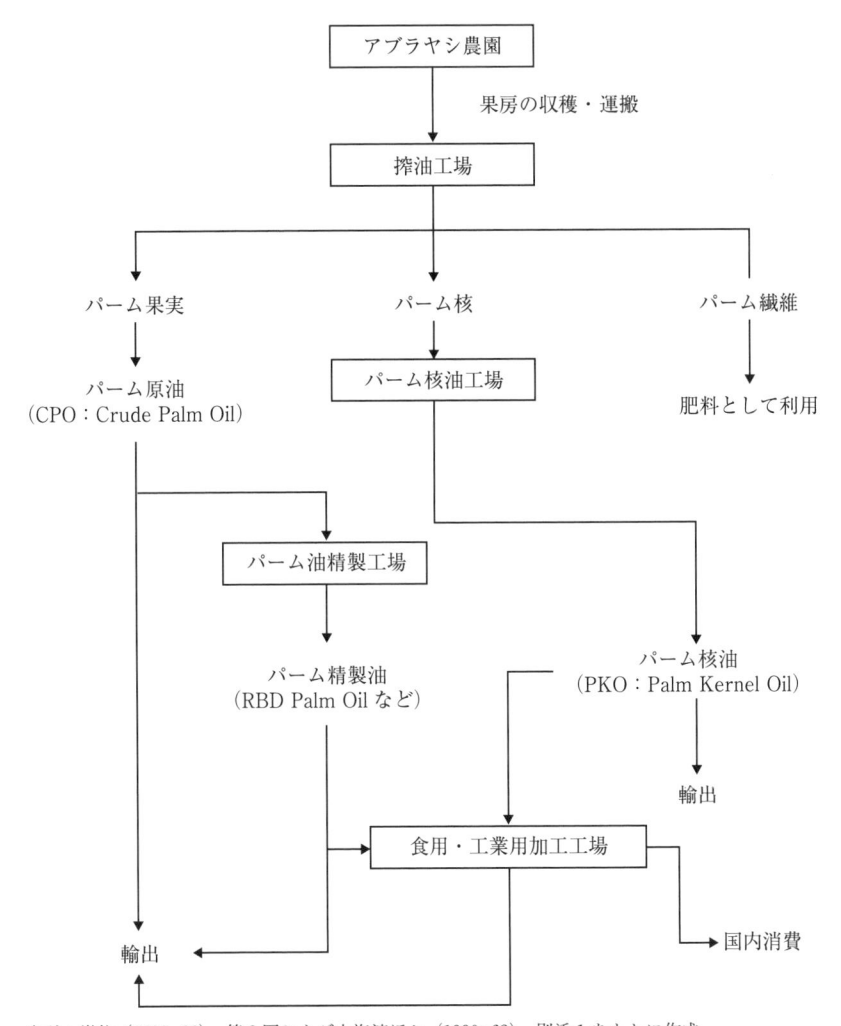

第 4 章　パーム油関連部門への国内外資本の展開　　107

```
                    ┌─────────────┐
                    │ アブラヤシ農園 │
                    └──────┬──────┘
                           │ 果房の収穫・運搬
                    ┌──────▼──────┐
                    │   搾油工場   │
                    └──────┬──────┘
          ┌────────────────┼────────────────┐
          │                │                │
       パーム果実         パーム核        パーム繊維
          │                │                │
          ▼         ┌──────▼──────┐         ▼
      パーム原油     │ パーム核油工場│     肥料として利用
  (CPO：Crude Palm Oil)└──────┬──────┘
          │                   │
          │   ┌───────────┐   │
          └──▶│パーム油精製工場│  │
              └──────┬─────┘   │
                     │         │
                     ▼         ▼
               パーム精製油   パーム核油
           (RBD Palm Oil など)(PKO：Palm Kernel Oil)
                     │         │
                     │    ┌────▼──────────┐
                     └───▶│食用・工業用加工工場│──▶ 国内消費
                          └───────────────┘
                     │
  ◀── 輸出 ──────────┘                     輸出
```

出所：岩佐（2005: 66），第 2 図および大海渡ほか（1990: 62），別添 1 をもとに作成．

図 4-1　パーム油の加工工程

加工残滓であるパーム繊維も，空果房や中果皮繊維が肥料やバイオマス燃料として利用される場合があり，アブラヤシは捨てるところがない植物であると言えよう[6]．

写真 4-1　アブラヤシの収穫（筆者撮影 2008 年 9 月．以下も同じ）

写真 4-2　果房の運搬

第 4 章　パーム油関連部門への国内外資本の展開

写真 4-3　果房の搾油工場への輸送

写真 4-4　加圧消毒される果房

パーム油を原料とする製品のなかで最も一般的な品目は食用油であるが，それ以外にも幅広い用途をもち，マーガリン，ショートニング，石けん・洗剤の原材料として利用される他，パーム油の高度加工によって作られるステアリン酸，オレイン酸，ラウリン酸などは，合成ゴム，界面活性剤，化粧品などにも使われている．

(2) パーム油生産・消費の現状

パーム油生産と消費の現状について，統計で確認しよう．図4-2は，世界の食用油脂の生産量の推移を示しており，1970年代から90年代までは大豆油の生産量が最大であったが，2000年代に入り，80年代以降右肩上がりの伸びを示すパーム油の生産量が大豆油を抜き世界最大となっている．食用油脂の単位面積（1ヘクタール）当たりの収量は，菜種油（1トン），ひまわり油（0.8トン），ココナツ油（0.4トン），大豆油（0.4トン）に対し，パーム油（4~5トン）は圧倒的な大きさを誇り（Sheil, et al. 2009: 21），低コストかつ高収量の生産を武器に，主に新興国や途上国といった中・低所得国での

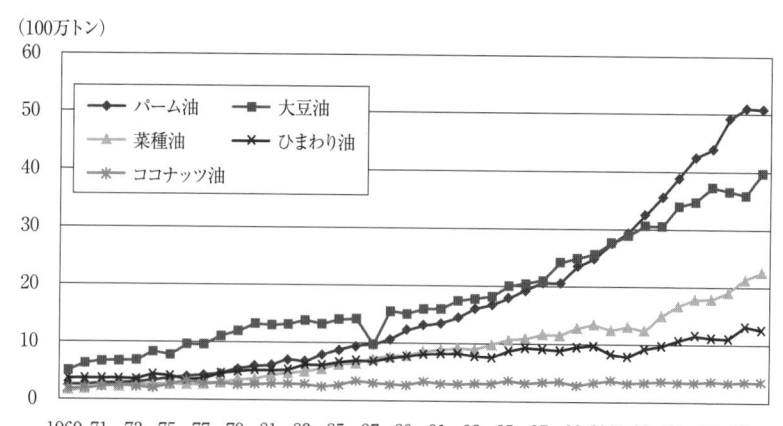

注：パーム油はパーム核油も含む．
出所：*FAOSTAT*（URLは巻末を参照）のデータをもとに筆者作成．

図4-2　世界の食用油脂生産量の推移

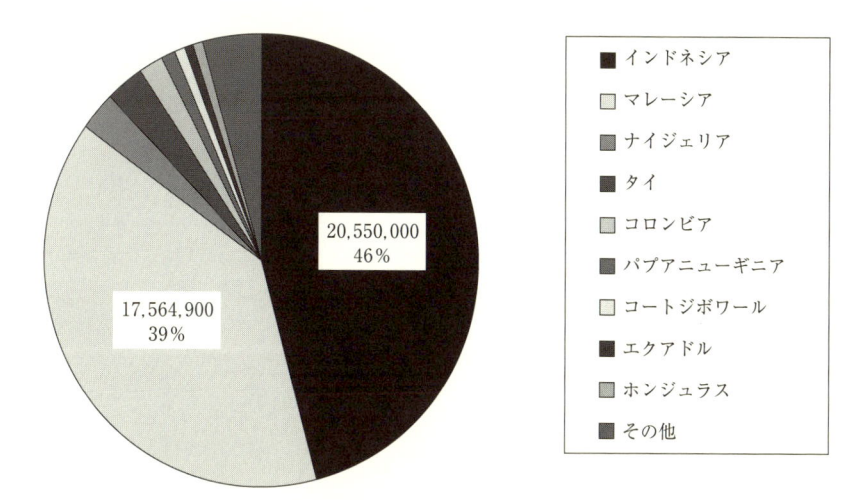

第4章　パーム油関連部門への国内外資本の展開　　111

- インドネシア
- マレーシア
- ナイジェリア
- タイ
- コロンビア
- パプアニューギニア
- コートジボワール
- エクアドル
- ホンジュラス
- その他

20,550,000
46%

17,564,900
39%

出所：*FAOSTAT*（URLは巻末を参照）のデータをもとに筆者作成．

図 4-3　パーム原油の主要生産国別シェア（2009年）

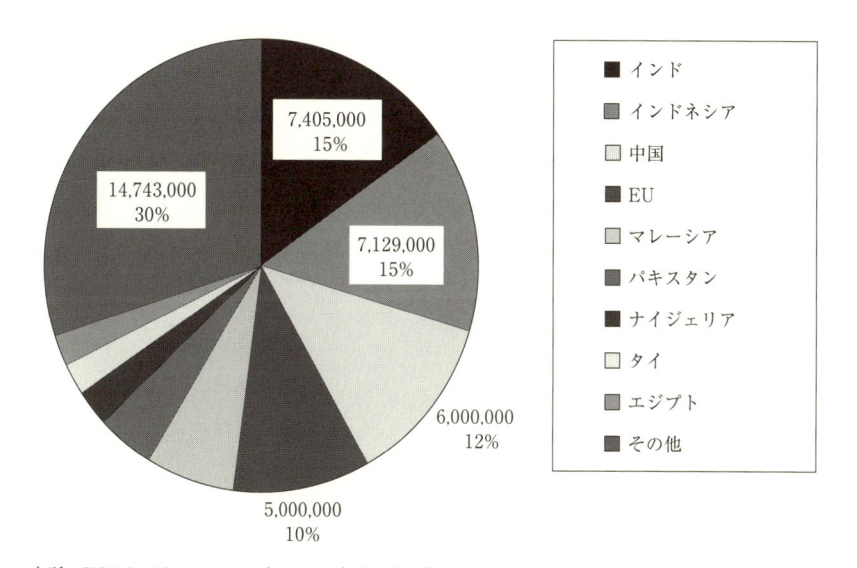

- インド
- インドネシア
- 中国
- EU
- マレーシア
- パキスタン
- ナイジェリア
- タイ
- エジプト
- その他

14,743,000
30%

7,405,000
15%

7,129,000
15%

6,000,000
12%

5,000,000
10%

出所：USDA, *PSD Online*（URLは巻末を参照）のデータをもとに筆者作成．

図 4-4　パーム油の主要消費国別シェア（2011年）

需要が伸びている.

　図4-3と図4-4は，それぞれ，CPO生産とパーム油消費の主要生産国別シェアを示している．CPO生産では，インドネシアとマレーシアが二大生産国であり，2009年の両国のシェアを合わせると全体の85%になり，ほぼ世界市場を独占している状態である．かつてはマレーシアが世界最大のCPO生産国であったが，ここ10年間の急激な農園開発によって2007年にはインドネシアが1,690万トンで世界最大の生産国になっている．インドネシアとマレーシア以外にも，ナイジェリア，タイ，コロンビア，パプア・ニューギニア，コートジボワール，エクアドルなどがCPOを生産しており，気候的な条件から，赤道近辺の国に生産が集中していることがわかる．今後は，広大な森林地帯を擁するブラジルやペルーをはじめとした中南米や，西アフリカでの生産が拡大することが見込まれており，リベリアやガボンではマレーシア資本やシンガポール資本によるアブラヤシ農園開発が計画されている（*Financial Times*: Aug. 17, 2010）．消費では，インド，インドネシア，中国，マレーシア，パキスタン，ナイジェリア，タイ，エジプトが上位を占めており，最近ではバイオ・ディーゼルの原料としてEUでの消費が増えている．

　インドネシアからの輸出先は表4-2の通りである．1980年代は，オランダやドイツなどのヨーロッパ諸国への輸出が最も多かったが，ここ数年では経済成長を続ける途上国への輸出が増えてきている．2008年でみると，CPOの輸出先では，インドが387万トンで全体の約半数を占め，次いで，オランダ（97万トン），マレーシア（57万トン），シンガポール（50万トン）となっている．また，イタリア（33万トン），中国（31万トン），ドイツ（30万トン）への輸出も増えてきている．その他パーム油（パーム精製油など）の輸出では，中国が最も多く（146万トン），次いで，インド（92万トン），バングラデシュ（40万トン），エジプト（35万トン）が続いている[7]．

第 4 章　パーム油関連部門への国内外資本の展開　　113

表 4-2　パーム原油・その他パーム油の輸出先　　（トン）

	2004 年	2005 年	2006 年	2007 年	2008 年
パーム原油					
インド	1,745,650	1,796,301	1,893,813	2,742,757	3,871,491
オランダ	477,558	680,871	834,256	569,871	968,205
マレーシア	492,806	477,496	469,106	265,180	574,530
シンガポール	340,721	426,030	489,370	490,676	504,513
イタリア	103,680	83,102	87,861	140,770	331,236
中国	20,118	56,623	311,121	237,206	306,205
ドイツ	153,997	182,859	174,155	290,100	303,353
パキスタン	74,434	143,394	236,194	226,277	224,906
エジプト	—	2,250	—	75,948	143,549
スペイン	94,272	60,696	95,665	60,318	130,397
その他	316,691	656,003	607,746	602,183	545,794
合計	3,819,927	4,565,625	5,199,287	5,701,286	7,904,179
その他パーム油（パーム精製油など）					
中国	1,063,634	1,297,997	1,447,439	1,203,893	1,460,752
インド	1,015,918	762,028	588,169	562,925	918,171
バングラデシュ	187,357	289,850	381,248	413,115	404,412
エジプト	78,446	149,040	476,170	332,524	352,338
イラン	57,242	220,275	116,714	215,744	332,017
オランダ	322,014	420,232	377,912	259,416	327,675
ヨルダン	526,434	166,826	229,830	35,147	230,194
サウジアラビア		2,000	130,251	137,426	203,692
パキスタン	462,867	706,841	598,799	561,776	184,845
マレーシア	79,959	143,952	191,373	117,487	170,963
その他	1,047,849	1,652,524	2,363,729	2,334,679	1,801,448
合計	4,841,720	5,811,565	6,901,634	6,174,132	6,386,507

出所：*Statistik Kelapa Sawit Indonesia* 各年版のデータを抜粋.

(3) バイオ・ディーゼルの原料として

　伝統的な製品に加え，パーム油の新たな用途として注目を浴びているのが，燃焼過程で二酸化炭素を排出しない「クリーン」[8]なエネルギーとされるバイオ・ディーゼルである．中国やインドをはじめとした新興国の経済成長に伴い，世界的に原油の需給が逼迫していることに加え，商品先物市場への投機マネーの流入により原油価格が上昇[9]し，その代替エネルギーとしてバイ

オ・エタノールやバイオ・ディーゼルの研究・開発が世界中で進められてきている．政府は，国内のガソリン価格を抑えるために燃料補助金を支出してきたが，原油価格が高止まりを続けたことによって燃料補助金支出が増大しており，財政負担を軽減するために，石油に代わるバイオマス燃料[10]の利用を積極的に進めている．

インドネシア政府は 2006 年にエネルギー政策に関する大統領令を制定し，2025 年までに石油や天然ガス，石炭への依存度を 20〜33% まで下げ，バイオ燃料などの代替エネルギーの利用を推進することを打ち出しており，現在，政府の公用車や公共バスには，5% ないし 10% のバイオ燃料を混ぜた B5，B10 と呼ばれるガソリンが使用されている．2007 年の政府予算では，バイオ燃料事業のための支出として，原料となるアブラヤシをはじめとするプランテーション向けの灌漑整備や道路整備などに 10 兆ルピア，種苗の調達に 2 兆ルピア，銀行からの借入金にかかる利子の補助金として 1 兆ルピアの合計 13 兆ルピア（約 14 億ドル）が計上されている（*The Jakarta Post*: Sep. 26, 2006）．また，生産サイドだけでなく，ガソリンスタンドなどの流通業者に対する免税措置や補助金の支出も検討されている．

こうしたなか，2007 年の段階でバイオ燃料事業に 59 の事業者から合計 124 億ドルの投資案件が寄せられている．中国の石油大手である CNOOC（中国海洋石油）と国内プランテーション大手のシナールマス・グループが合弁で 55 億ドルの投資を予定しており，パプアとカリマンタンで合計 100 万ヘクタールの農園整備を進めることを表明している[11]．

パーム油は，南から北へと輸出される従来の一次産品とは異なり，全体として南で生産し南で消費する商品であるが，他方でパーム油由来の新たな製品が開発されるなかで，先進国での需要も増えてきている．

3. パーム油部門政策の動向

(1) アブラヤシ農園開発への支援

輸出指向型の農業開発をめざす政府は，パーム油生産に対してどのような方針をとってきているのであろうか．アブラヤシ農園開発政策とパーム油輸出支援政策に分けて見てみよう．

スハルト大統領が政権に就いて以降，外貨獲得源として有望であり，雇用吸収力もあるプランテーション開発が活発に行われてきた．とくに，森林破壊が問題視されるようになった80年代半ば以降には，木材のプランテーションである産業造林とともに，アブラヤシ農園開発は「自然保護を推進する計画」として積極的に行われるようになり，政府は企業のアブラヤシ農園開発を奨励してきた[12]．

なかでも中核農園（Perkebunan Inti Rakyat: PIR）システム[13]の導入は，その後のアブラヤシ農園拡大に道を拓いた．中核農園システムは，中核農園（Inti）の周辺に小農（Plasma）を配置する農園経営方式である（図4-5）．中核となる大規模農園は周辺の小農に対し，アブラヤシの栽培技術指導や種苗や肥料，農薬などの農業資材の供与を行う．また，中核農園は，収穫後の劣化・腐食が速いアブラヤシ果房の搾油を行うために，24時間以内に農園の果房を集荷出来る場所に搾油所を作り，そこで小農が収穫したアブラヤシ果房を買い取ることになっている．小農には，約2ヘクタールの栽培農地に加え，1ヘクタールの食用作物用地と住居が与えられる．これらの土地の造成にかかった費用は小農がアブラヤシの売上から12～15年かけて返済していく．中核農園システムは1977年に世銀の援助案件の試験プロジェクトとして実施され，それ以降，人口が過密なジャワ島からスマトラ島やカリマンタン島などへの政府の移住計画と結びついて実施されていった．

近年でも，政府はアブラヤシ農園を含むプランテーション部門への投資を促進するために，農園開発のための借入に対して利子補給を実施しており，

中核農園：
国内外の大規模農園企業が運営し，農園労働者がアブラヤシの生産を行う．搾油工場を併設していることが一般的．

小規模農家：
およそ2ヘクタールの土地で農園経営を行っている．収穫したアブラヤシは中核農園の搾油工場に買い取られる．生産は小農自ら，あるいは，農園労働者を雇って行う．

（小規模農家 (Plasma) / 中核農園 (Inti)）

出所：筆者作成．

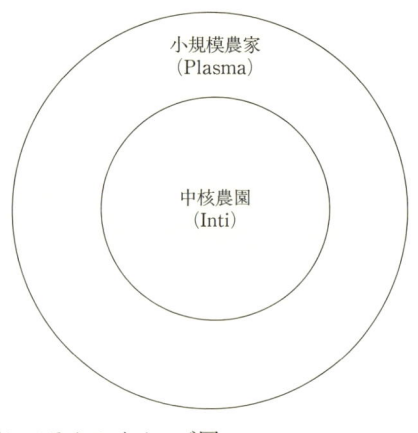

図 4-5　中核農園システムのイメージ図

積極的に農園開発を支援している．この計画のもとで，国内の銀行は農園開発に 25 兆ルピアの融資枠を準備しており（*The Jakarta Post*: Aug. 9, 2007），このうち，国内大手行のマンディリ銀行は中核農園システムの小農に対して 4 年間で 11 兆ルピアの融資を表明している．農園開発への融資への利子補給に加え，政府は 2005 年にカリマンタン島の山岳地帯での 200 万ヘクタールのアブラヤシ農園開発[14]の実施を発表している．

2001 年に地方分権改革が実施されて以降は，農園開発や投資の誘致に関する権限が地方自治体へ移管されたことから，とくにスマトラ島やカリマンタン島といった農園開発に適した広大な森林地帯を抱える自治体は，プランテーション開発による地域経済開発と雇用の創出を果すため，インフラ整備や投資の優遇措置を打ち出している．

(2)　パーム油輸出への支援

政府はパーム油関連製品にかかる輸出関税の税率を削減し，輸出企業を支援する政策も進めている．1998 年に，通貨ルピアの対ドル為替相場が大幅に下落したことで輸出商品としての価格競争力が増し，生産されたパーム油の多くが輸出された結果，国内のパーム油の需給が逼迫し，食用油の価格が

高騰した．経済危機による社会不安のさなかの食料品不足が大規模な暴動へとつながっていったため，政府は国内の食用油供給を安定させるため，CPOの輸出に対し60%という高率の関税をかけた．その後，国内の食用油価格が安定したため99年6月に輸出関税は30%に削減された．さらに，その1カ月後には，海外からの投資を呼び込むためとして輸出関税の引き下げを求めるIMFとの協議の結果，税率は最大10%以内に抑えることが合意された（Casson 2000: 40）．パーム油生産者協会（Gabungan Pengusaha Kelapa Sawit Indonesia: 以下，GAPKI）は，輸出関税が10%のままでは，パーム油の在庫が過剰に積み上がってしまい，国内のCPO価格および農家から買い取るアブラヤシ果房価格が下落するとし，関税を撤廃することで競争の激しい世界のパーム油市場で輸出を伸ばすことが出来るとして，政府に対し輸出関税のさらなる削減を求めた（*The Jakarta Post*: March 11, 2000）．GAPKIの要求に応えるように，政府はCPOの輸出関税を2000年9月に5%，2001年2月に3%[15]へと段階的に引き下げている．

政府は，マレーシア企業に対する競争力確保のため輸出関税の削減を求めるパーム油輸出業者と，国内のパーム油加工製品の安定的な供給のため輸出関税の維持を求めるパーム油加工業者および消費者との板挟みになっているが，経済危機後の輸出主導型経済の進展のなかで，パーム油の輸出を優先する政策をとってきたと言えよう[16]．

4. 大規模農園企業主導の農園開発

(1) 農園の保有構造

政府によるアブラヤシ農園開発への積極的な関与によって，アブラヤシ農園面積は急拡大してきたが，同時に，保有主体別の農園開発面積においても大きな変化が生じている．

図4-6は，1987年から2010年までのアブラヤシ農園の保有主体別開発面積の推移を表している．第1に指摘できるのは，民間農園による開発面積の

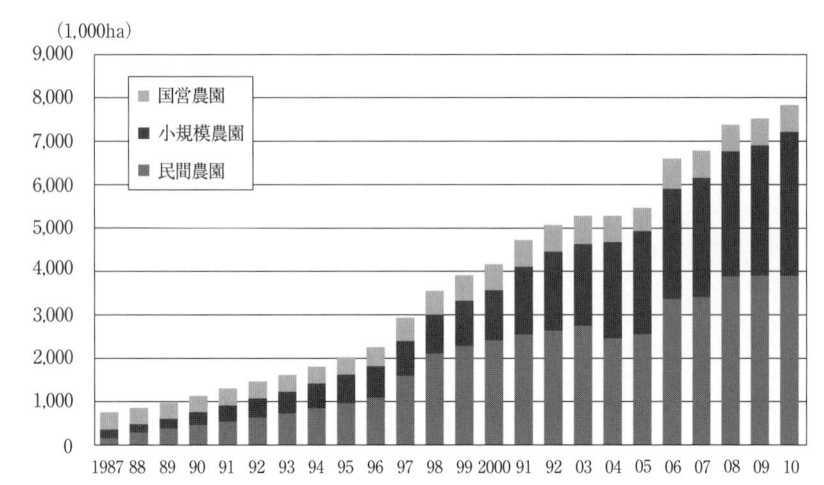

注：農園面積は計画ベースで，2009 年と 2010 年はそれぞれ速報値と推計値．
出所：表 4-1 と同じ．

図 4-6　保有主体別アブラヤシ農園面積の推移

増大である．民間農園の面積は，87 年には 16 万ヘクタールであったが，これ以降，毎年増加を続け，2010 年には 389 万ヘクタールに達している．この間，とくに 97 年から 98 年にかけて，民間農園面積が急増しているが，これには，経済危機後に政府と IMF の間で交わされた経済の自由化・規制緩和政策が影響している．98 年 1 月に外資導入・輸出主導型経済成長を目指す IMF との合意のもとにアブラヤシ農園開発への外資参入規制が緩和され，99 年 2 月には規制が完全に撤廃された．この結果，多くの外国資本にアブラヤシ農園開発の門戸が開かれ，規制緩和後半年間のうちに，外資 50 社から合計 92 万ヘクタールの参入申請があり，これ以降も，マレーシアを中心としたアブラヤシ農園の新規参入・事業拡張が続いている．

第 2 に，小規模農園の面積も一貫して増加してきている．小規模農園面積は 1987 年の 20 万ヘクタールから 2010 年の 331 万ヘクタールへと拡大し，とくに 2000 年代に入ってからの伸びが大きい．ここでいう小規模農園のほとんどは中核農園システムの導入によって生み出された小農であり，中核農

園である大規模民間農園の拡大に比例してその面積も増加している[17]。第3に、国営農園の農園開発が停滞していることを指摘できる。民間企業による農園開発が本格化する前は、国営農園会社（PT. Perkebunan Nusantara: PTPN）がアブラヤシ農園開発を先導してきたが、90年以降、目立った農園面積の拡大は見られず、民間農園とは対照的な推移を示している[18]。

このように、構造調整政策によって農業部門への民間活力の導入が図られるなかで、国内および国外の民間農園企業がアブラヤシ農園の拡大を牽引してきたことがわかる。

(2) 大規模農園企業の事業展開

次に民間農園内部の農園保有構造について見てみよう。農園経営を行っている企業は多数存在し、GAPKIの会員になっている企業だけでも約180社ある[19]。しかし、これらの企業の大部分は大規模農園企業の子会社であり、いくつかの農園企業グループに分けることが出来る。1つの企業で保有できる農園面積に制限がかけられていることから[20]、大規模農園企業は子会社を多く設立し、それぞれの子会社を通じて農園開発を進めている。

表4-3は、主要農園企業のアブラヤシ農園面積と事業概要を示している。大きな特徴として、10万ヘクタールを超えるような広大な農園を保有している企業グループがいくつか存在していることを指摘できる。ラジャガルーダマス・グループは全体で70万ヘクタールを上回る農園面積を持つとされ、アグリビジネス部門を担当するグループ企業Asian Agri社の子会社であるPT. Inti Indosawit Suburは主に北スマトラ州、リアウ州、ジャンビ州、西スマトラ州などのスマトラ島の各地域で農園開発を行っている。シナールマス・グループは、傘下のアグリビジネス企業PT. SMARTを通じてスマトラ島やカリマンタン島などで農園経営を行い、約28万ヘクタールの農園を保有しているほか、下流部門でも国内有数の食用油ブランドであるFILMAの製造を行うなど、上流・下流と一貫した農園経営を進めている。アストラ・グループは、PT. Astra Agro Lestariを中心に43の子会社が農園開発

表 4-3　主要農園企業のアブラヤシ農園面積と事業概要

企業名	農園面積(ha)	事業概要
Astra	227,098	自動車産業を中心に，アグリビジネス，金融業，不動産業，建設業，ITなどを手がける複合企業．農園経営はPT. Astra Agro Lestariを中心に43の子会社が行っている．北スマトラ州に調理油工場を保有している．2007年には1,400万ドルの投資で2つのバイオディーゼル工場を建設．
Bakrie	69,110	元福祉担当調整大臣Aburizal Bakrie率いる複合企業．建設，通信，アグリビジネスなどを手がける．農園部門ではPT.Bakrie Sumatera Plantationがスマトラ島を中心に事業を展開しており，下流部門ではバイオ・ディーゼル工場への投資も視野に入れている．また，天然ゴムの農園経営も行っている．
Minamas	207,604	元々は，Salimグループの企業であったが，経済危機後にIBRA（インドネシア銀行再編庁）の管理下に入り，マレーシアのKumpulan Guthrieへと売却された．現在ではSime Darby Plantation（前Kumpulan Guthrie）とオランダのMulligan International BV. が株式を保有している．
Raja Garuda Mas	735,717	林業分野を中核に事業を行っていたが，近年ではエネルギー，化学，不動産，アグリビジネスなどを手がける複合企業へと成長している．アグリビジネス部門では，グループ企業のAsian Agriがアブラヤシ農園経営を行い，国内と中国に4つの精油所を保有しており，リアウ州のドゥマイには年間40万トンの製造能力を持つ工場がある．
Salim	114,708	スハルト大統領と近い関係にあったSoedono Salim率いる複合企業．グループの中核企業であるPT.Indofood Sukses Makmurはインスタント麺やスナック菓子などの食料品を販売している．農園部門ではPT.LonSumの買収など積極的な投資を行い，2010年までに収穫可能な農園面積を25万ヘクタールに拡大する方針．また，調理油（Bimoli）やマーガリン・ショートニング（Simasなど）の製造も行うなど，上下流の一貫したパーム油生産を行っている．
Sinar Mas	281,182	パーム油やパルプ・紙，および金融，不動産などを手がける複合企業．アグリビジネス企業であるPT. Smartは約12万ヘクタール（2006年末）の農園を保有し，下流部門では調理油（Filma）などの製造を行っている．近年では，バイオ・ディーゼル工場への大規模投資が計画されている．
Surya Dumai	322,725	1970年にリアウ州で木材加工業を開始し，90年代初めからは農園部門や精製部門の開発を進めてきている．アグリビジネス部門を担当するPT.Ciliandra Perkasaは，2006年3月に関連企業であるシンガポールのFirst Resourcesの傘下に入り，外国企業としてアグリビジネス経営を行っている．2009年からはバイオ・ディーゼル工場の稼働が予定されている．
Benua Indah	236,250	
Sahabat	219,065	
Incasi	192,130	

注：各企業グループは子会社を通じて農園開発を行っているが，その子会社の株式は各企業グループ同士の持ち合いによって保有されていることがあり，その場合，子会社の農園面積がどの企業グループに計上されているかは不明である．
出所：CIC: *Study on Industry and Investment Prospect of Oil Palm in Indonesia 2007*, CIC: *The Exclusive Profile of The Big-10 Indonesian Palm Oil Players 2008* および各企業グループのウェブサイト（URLは巻末を参照）をもとに筆者作成．

を行っており，約23万ヘクタールの農園を有している．サリム・グループは，経済危機後の不良債権処理の過程で，保有していた農園企業ミナマス社をIBRA（インドネシア銀行再編庁）に手放すことになったが，その後，傘下のPT. Indofood Sukses Makmurが老舗の農園企業であるPT. London Sumatra Indonesiaを買収するなどし，約11万ヘクタールの農園を確保している．また，その他にもバクリー，スルヤ・ドゥマイなどが積極的な農園・加工部門開発に乗り出している．こうした企業グループに共通しているのは，スハルト元大統領と近い関係にあり，製造業，林業，金融業など様々な分野において政府から特権的な地位を与えられてきたという点である．これらの企業は，経済危機やスハルト体制の崩壊という困難に見舞われながらも，アブラヤシ農園開発において着々と地歩を固めている．また，近年新たに農園経営に参入してきた企業もあり，国内でたばこの販売を行っているグダン・ガラムやサンプルナは，本業のたばこ業の行き詰まりから農園開発に乗り出し，その他にも金融業・不動産業で有名なアルタグラハや食料品メーカーのソスロなども農園開発を進めている．

　他方，外国資本による農園開発投資も積極的に行われており[21]，なかでもマレーシア企業の進出が目立っている．サイムダービー・プランテーション[22]は，ミナマスを通じてインドネシアの農園開発を進めている．ミナマスは，元々はサリム・グループの所有であったが，2000年にサイムダービー・プランテーションの前身であるクンプラン・ガスリーに買収され，現在までカリマンタン島やスマトラ島を中心に20万ヘクタールを超えるアブラヤシ農園を保有している．マレーシア国内で最大の農園面積を有する国営企業FELDA（Federal Land Development Authority）もインドネシアをはじめ，パプア・ニューギニアやブラジルに農園用の土地を確保している（*The Star*: June 26, 2008）．その他にも，IOI, KLクポンはインドネシアにそれぞれ8万ヘクタール，10万ヘクタールの農園を持ち，クオック・グループとの合弁事業を開始したウィルマー・インターナショナルもインドネシアでの事業展開を進めている[23]．マレーシア企業のインドネシア進出の背景とし

ては，半島部マレーシアでの農園用の土地の枯渇やマレーシア国内の労働者不足があり，マレーシア企業が国内制約を突破し，インドネシアへ向けて外延的拡大を図っている様子がうかがえる（岩佐前掲書: 209-10）.

各農園企業グループの農園保有の実態は複雑であり，表4-3で示した農園面積は必ずしも正確な数値ではない可能性があるが，民間農園のほとんどはこうした国内外の大規模農園企業グループによって占められていると言えるだろう[24]．

5. 原料供出地としてのアブラヤシ農園開発

(1) 低付加価値のままのパーム油輸出

政府による農業部門の輸出指向化政策はパーム油関連産業にどのような影響を与えたのであろうか，図表をもとに確認しよう．表4-4は，生産したパーム原油・パーム核油の輸出と加工の取扱量を示している．アブラヤシ果肉から搾油されたCPOの他に，CPOに1次加工を施したパーム精製油，クルードオレイン，RBDパームオレインなどの「その他パーム油」やパーム核から搾油された「パーム核油」が輸出されており，2009年では，全輸出量1,850万トンのうち，「CPO」が957万トン，「その他パーム油」が726万トン，「パーム核油」が167万トンになっている．他方，加工部門ではパーム油やパーム核油などを原料とした食用油，石けん・洗剤，オレオケミカル，マーガリン，バイオ・ディーゼルが代表的な加工製品である．加工製品のなかで最も取扱量が多いのが食用油で，2009年で477万トンである．パーム油を原料とした食用油は，インスタント麺の揚げ油として産業用の需要があるほか，家庭でも最も一般的な食用油として使われている．続いて石けん・洗剤が72万トン，オレオケミカルが67万トン，マーガリンが50万トン，バイオ・ディーゼルが30万トンで，食用油には及ばないものの，それぞれ一定のシェアをもっている．

輸出と加工の取扱量を見てみると，2000年では，パーム油の輸出総量469

第4章 パーム油関連部門への国内外資本の展開

表 4-4 パーム油とパーム核油の輸出・加工 (1,000 トン)

	パーム油・パーム核油生産量	輸出				加工					
		CPO	その他パーム油	パーム核油	合計	調理油	石けん・洗剤	オレオケミカル	マーガリン	バイオディーゼル	合計
2000	9,343	1,818	2,292	579	4,689	2,572	572	529	338	—	4,654
2001	9,628	1,849	3,054	582	5,485	2,686	590	521	356	—	4,143
2002	10,725	2,805	3,529	738	7,072	2,347	545	453	334	—	3,653
2003	12,551	2,892	3,494	660	7,046	3,629	520	490	345	—	5,505
2004	13,106	3,820	4,842	904	9,566	2,364	350	557	267	1	3,540
2005	14,350	4,566	5,811	1,043	11,419	2,066	342	263	230	30	2,931
2006	20,836	5,199	6,902	1,274	13,375	5,282	836	755	488	100	7,461
2007	21,202	5,701	6,174	1,335	13,211	5,370	879	809	534	400	7,991
2008	21,760	7,904	6,387	1,357	15,648	4,121	683	573	435	300	6,112
2009	25,461	9,567	7,262	1,671	18,500	4,771	720	674	495	300	6,960

出所:インドネシア中央統計局ウェブサイト(URL は巻末を参照), CIC: *Study on Industry and Investment Prospect of Oil Palm in Indonesia 2007*, Table 3.3, 3.5, 5.5, 5.7, 5.9, 5.11 および 2009, Table 23, 25, 27, 29, 32, 34 のデータを抜粋.

万トンに対し,加工用のパーム油の消費量は465万トンで,輸出と国内で加工するために消費するパーム油の量はほぼ同程度で,輸出がわずかに上回る程度であった.しかし,政府によるパーム油の輸出関税の引き下げ効果が出始め,それ以降は,その差は拡大する一方である.2000年から2005年までに,国内加工用のパーム油の取扱量がほぼ300〜500万トン程度となっているのに対し,パーム油の輸出は2005年に1,142万トンに達し,2000年から大きく増加している.2006年以降では,加工部門,なかでも調理油部門でのパーム油の取扱量が国内需要の高まりを背景に大幅に増加しているが,依然としてそれを上回る勢いでパーム油が輸出されており,パーム油の商品連鎖過程を示した図4-7に見られるように,2009年に生産されたCPO(2,546万トン)のうち,国内で加工される量(696万トン)は3割弱に過ぎない.インドネシア政府は,国内においてより高付加価値なパーム油加工製品の生産を促進させるため,11年10月から加工製品にかかる輸出関税の上限を従来の25%から13%へと引き下げる措置を行っており(*Reuters*: Aug. 26, 2011),今後,国内加工用のパーム油の出荷が増加することが見込まれるが,現段階では,加工製品よりパーム油という形で,全体として低付加価値の製

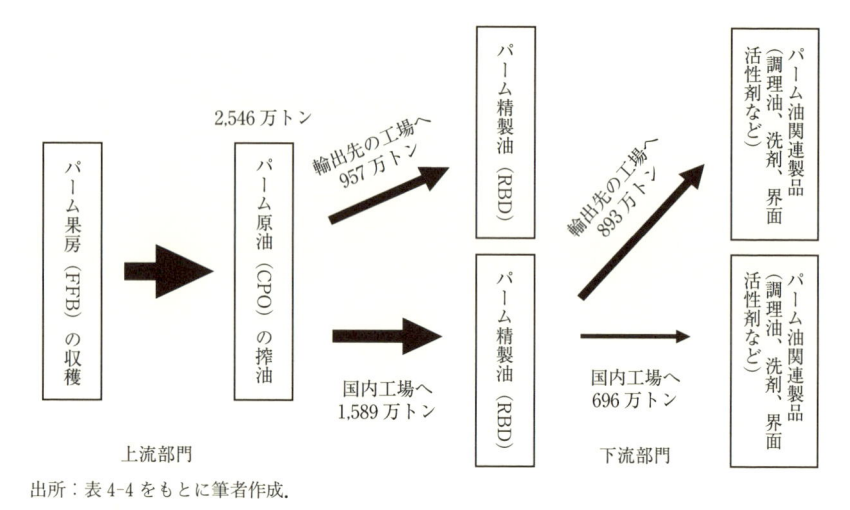

```
                                              ┌──パーム油関連製品──┐
                                              │（調理油、洗剤、界面  │
                                              │ 活性剤など）         │
              2,546万トン    輸出先の工場へ   パーム精製油(RBD) ──輸出先の工場へ──→
パーム果房(FFB)の収穫 → パーム原油(CPO)の搾油 ─957万トン─→              893万トン
                           ─国内工場へ─→   パーム精製油(RBD) ──国内工場へ──→
                            1,589万トン                          696万トン
                                                                 ┌──パーム油関連製品──┐
                                                                 │（調理油、洗剤、界面  │
                                                                 │ 活性剤など）         │
    上流部門                                                         下流部門
```

出所：表4-4をもとに筆者作成．

図4-7　パーム油の商品連鎖過程の概要（2009年）

品のまま輸出されている．

(2) 多国籍アグリビジネス企業による原料調達戦略

　低付加価値のままでパーム油が輸出される背景には，国内要因と国外要因の2つが考えられる．国内要因としては，国内資本によるパーム油加工業への投資不足が挙げられる．近年のパーム油部門開発においては，まず上流部門（農園段階）への投資が先行し，下流部門（加工段階）への投資は後回しになっている．経済危機によって大きな打撃を受けた国内資本には，上流部門に加え，下流部門もあわせた一貫した投資を行うだけの体力がなかったと考えられるが，さらに，先に述べたCPO輸出関税の削減によってパーム油加工製品よりもCPOの輸出が優先されてきたことや，電力や道路などのハード面および法制度などのソフト面のインフラ整備が立ち遅れていることも，その要因であろう．

　国外要因としては，多国籍アグリビジネス企業の原料調達戦略が大きく影響している．パーム油は食用油や石けん・洗剤など各種加工製品の原料であ

第4章 パーム油関連部門への国内外資本の展開　　　125

り，中国やインドなどの新興国が経済成長を達成するなかで，これらの地域でパーム油関連製品の需要が見込まれること，さらに，先進国においても原油価格の高騰と環境問題への配慮からバイオ・ディーゼル需要の伸びが予想されることから，パーム油部門への多国籍アグリビジネス企業の参入・投資拡大が相次いでいる．

　特筆されるのが，マレーシア系資本とアメリカ資本の動向である．マレーシアの華人系企業グループであるクオック（郭）グループとアメリカの大手アグリビジネス企業 ADM（Archer Daniels Midland）が共同出資しているウィルマー・インターナショナルは，マレーシアとインドネシアを通じて最大のパーム油精製企業であり，中国，インド，マレーシア，インドネシア，ヨーロッパなど，世界各地にパーム油精製施設を保有している．中国やインド，インドネシア，ベトナムでは食用油やショートニングなどの家庭用食料品に一定のシェアを持っており，他にも産業用の脂肪酸や脂肪アルコールの製造も行っている．上流部門でもマレーシアとインドネシアに23.5万ヘクタール（2009年）のアブラヤシ農園を保有しており，上流・下流の一貫した製造ラインを持っている[25]．

　IOI グループは，2002年にオランダの多国籍日用品企業であるユニリーバ社からアブラヤシ農園子会社を，また2006年には食用油精製大手の Pan Century Edible Oils 社と Pan Century Oleochemical 社をそれぞれ買収している．IOI グループはマレーシア国内外に年間380万トンの CPO 精油所を持ち，さらに，年間75万トンの生産能力を誇るオレオケミカル工場も保有している．食用油脂の分野でも，オランダ，北米，マレーシアに合わせて年間60万トンの生産施設を有し，世界65カ国に輸出している[26]．

　国営企業の FELDA はアメリカの化学会社 Twin Rivers Technologies 社の株式を100％取得し，パーム油を利用したオレオケミカル，バイオ・ディーゼル，食用油脂の事業展開を進めており（*The Star*: Aug. 28, 2007），その他にもサイム・ダービーはオランダやシンガポールに食用油脂工場を持つほか，近年ではバイオ・ディーゼル部門への投資を進めており，国内2カ所

に年間9万トンの工場を保有しており，KLクポンはイギリスや中国に食用油脂や石けんの工場を保有している[27]．

　マレーシア以外の企業では，アメリカの大手アグリビジネス企業であるカーギル社とADM社がパーム油関連事業を進めている．カーギルは，マレーシアやインド，ドイツ，オランダなどでパーム油精製工場を保有しており，インドネシアの自社農園（5.6万ヘクタール）やその他の農園から調達したCPOが各地域の精製工場へと運ばれている．最近では，2006年にハンブルグにある食用油の精製工場の設備拡張やロッテルダムのヤシ油とパーム核油の精製設備の40万トンへの増強がなされ，2010年には，5,000万ドルを投じてマレーシアでの加工施設の建設を発表されている[28]．ADMはウィルマー・インターナショナルへの資本参加による事業展開に加え，ハンブルグの既存の精製設備に新たに35万トンのパーム油精製設備を建設している（『油脂』59巻10号）．

　このように，パーム油精製部門では大規模な精製・加工施設を有する多国籍アグリビジネス企業が存在し，さらに近年では，合併や買収による農園・精製部門の集約化が進んでいる．インドネシア国内の農園企業も食用油やバイオ・ディーゼルなど下流部門への投資を進めているが，現段階ではインドネシアで生産されたCPOやパーム精製油は国内で加工されずに，こうした大規模加工施設を持つ企業によって買い取られている．

　農業部門の輸出指向化のなかで政府が積極的に進めてきたアブラヤシ農園開発によって，インドネシアのアブラヤシ農園はマレーシア系資本やアメリカ資本をはじめとした多国籍アグリビジネス企業によって垂直的に統合され，低付加価値のパーム油輸出を行う，いわば原料供出地として位置づけられるようになったと言えよう．

まとめ

　本章は，1980年代半ば以降，インドネシアにおいて実施されてきた構造

調整政策が農業部門に与えたインパクトについて，アグリビジネス化がすすむアブラヤシ農園開発の事例を通じて分析した．1989 年の第 5 次 5 カ年計画以降，農業開発におけるアグリビジネスの重要性が高まり，輸出用作物として有望であるパーム油生産が，経済の輸出指向化をめざす政府によって積極的に奨励されてきた．政府は，農園部門への外国資本参入の規制緩和や CPO 輸出関税の引き下げなどのアグリビジネス手法の導入を進め，民間企業主体の農園開発が展開していくことになった．結果として，農園段階（上流部門）では，国内を中心とした大手農園企業による寡占的な農園保有状況が生み出された．アブラヤシ農園開発を主導してきた国内の大規模農園企業の所有者は，アストラ，バクリー，ラジャ・ガルーダ・マス，サリム，シナール・マスといった，スハルト大統領の取り巻きであり，ビジネスにおいて政府から特権的な地位を与えられてきた国内の有力資本家である．これら有力資本家は，経済危機によって中核的な事業や資産を政府に没収され，大きな打撃を受けたと見られていたが，アブラヤシ農園開発を突破口に，さらなる事業展開を進めている．

他方，パーム原油の加工段階（下流部門）は，世界中に加工工場をもつ多国籍アグリビジネス企業による原料調達戦略に組み込まれ，低付加価値のままのパーム原油の輸出が行われている．これには，マレーシアをはじめとした多国籍アグリビジネス企業の原料調達戦略が深く関わっている．マレーシアの IOI，FELDA，サイム・ダービー，KL クポン，ウィルマーや，アメリカのカーギル，ADM は大規模なパーム油精製・加工施設をもち，近年ではさらに，企業の吸収合併による精製・加工部門の集約化が進んでいる．構造改革によってインドネシア経済のグローバリゼーションへの統合が図られるなか，インドネシア国内で生産された低付加価値のままの CPO はこうした巨大資本によって買い取られ，世界に展開する自社の工場へと運ばれている．

民間企業主導の経済開発を目的とする構造改革のなかで積極的に推進されてきた農業部門のアグリビジネス化であるが，パーム油生産においては，国

内の有力資本家による農園保有の寡占化を生み出し，また，多国籍アグリビジネス企業による世界的な原料調達戦略への垂直的な統合をもたらしたと言えよう．

注
1) 本章は，Rai (2010) を加筆・修正している．
2) 永積（1977: 136）．強制栽培制度は，オランダ植民地統治のもとでの過酷な農民の搾取として描かれることが一般的であるが，他方で，農村の経済発展にプラスのインパクトを与えたと評価する研究もある．前者の見方は，農民を常に虐げられる存在で環境適応力がなく受動的な対応をするにすぎない存在として扱うが，後者は，強制栽培制度のもとでも，農民のなかにはしたたかに利益を上げた者もおり，搾取の対象という画一的なイメージを否定し，農村社会の多様性を強調している．詳細は大橋（1994）を参照．
3) Vries and Woude (1997: 438-40)．1669年から71年にかけてのオランダの総税収は1,140万ギルダーで，人口は88万人とされている（87頁）．なお，フリースらは，主にVOCによる植民地の搾取という前近代的な要素によってオランダの資本蓄積が進められたとする従来の説に対して，1650年代以降のVOCの利益はささやかであったとして批判し，むしろVOCが資本蓄積に果たした役割は，大規模商人・投資家を優遇する初期の配当政策が，資本を小口投資家から大口投資家へと移動させるという配分面にあったとしている．
4) 20世紀前半は，パーム油よりもゴムが砂糖と並ぶ最有力輸出品であった．この時期のゴム生産については加納（2004）に詳しい．
5) BKPM（インドネシア投資調整庁）ウェブサイト（URLは巻末を参照）より．
6) アブラヤシの加工残滓の利用については，Kalkman, et al. (2009) に詳しい．
7) インドとASEAN諸国の自由貿易協定によって，インドのパーム油輸入関税の削減が見込まれており（2018年までにCPOは80％から37.5％へ，パーム精製油は80％から45％へ），今後，インドネシアからインドへのパーム油の輸出が増大することが予想される（*The Jakarta Post*: Sep. 15, 2008）．
8) 第6章で詳述するように，パーム油自体の生産過程で深刻な環境破壊を伴う．
9) 商品の先物市場の規模は投資資金・投機資金の規模に比べると小さく，最大の原油（NYMEX）で8.1兆円，また穀物のなかで最大のトウモロコシで2.8兆円であり，1,500兆円ともいわれる世界の年金資産に加え，ヘッジ・ファンドの投機資金のわずかな部分がこうした市場に流れ込むだけで，商品の価格が高騰することになる（週刊エコノミスト84巻62号: 20-2）．
10) パーム油の他に，ジャトロファ（ナンヨウアブラギリ）とココナッツオイルからのバイオ・ディーゼル生産の，そして，キャッサバ，サトウキビ，スィートソルガムなどからのバイオ・エタノール生産の研究開発がそれぞれ進められている

(小泉 2009)．

11) パーム油のバイオ・ディーゼルへの利用については，パーム油製品の原材料が不足するとしてパーム油製品業界からバイオ燃料への利用への規制を求める声が出ていることや，CPO の価格上昇によって生産コストが増え，バイオ・ディーゼルは必ずしも石油に比べて安価ではなくなっていることから，予定通りには進んでいないが，バイオ・ディーゼルという新たな需要が生み出されるなかでアブラヤシ農園開発が促進されている側面がある．

12) 具体的な政策として，①アブラヤシの生産性の向上（高収量品種の開発・普及と栽培管理技術の指導），②パーム原油生産の効率改善（搾油率を 17% から 22% まで高める），③人材育成（行政機関スタッフ，現場スタッフ，農民リーダー等の教育・訓練），④流通システムの効率改善（パーム原油搬出用の道路と出荷港関連施設の整備），⑤小農の育成（小農の雇用機会を拡大する）が策定された（大船渡ほか 1990）．

13) 英語では NES（Nucleus Estates and Smallholders）と表記される．中核農園システムについては，第 5 章を参照．

14) 2005 年 7 月，アプリアントノ農業相は，カリマンタン島の 850 キロメートルにわたるマレーシア国境沿いに大規模アブラヤシ農園と精製工場の開発を行うと発表した．生産開始予定は 2010 年で，パーム油のバイオ・ディーゼル燃料への転用も視野に入れている（*The Jakarta Post*: July 18, 2005）．なお，インドネシアの経済事情に詳しいファイサル・バスリ公正取引委員会委員から聞いたところによれば（2005 年 8 月），このアブラヤシ農園の大規模開発の真の狙いは，プランテーション開発をする前に伐り出される木材にあるとのことである．事実，カリマンタン島中心部は標高が高く，気温がアブラヤシには適さない土地であるとの指摘が出ている．

15) CPO 以外の 7 つの製品（パーム核油，ココナツ油，パームステアリンなど）の輸出関税は撤廃された．

16) 2007 年には，パーム油などの国際的な一次産品価格が急上昇した結果，生産されたパーム油の大半が輸出にまわり，食用油などの国内の加工製品の価格が上昇し，政府が再び CPO などの輸出関税を 6.5% に引き上げる事態が生じている．また，政府は食用油の輸出に対して税の優遇措置をとるようになっており（*The Jakarta Post*: Feb. 5, 2008），実際に食用油の輸出も伸びてはいるものの，未加工で低付加価値のパーム油の輸出が多い傾向は基本的に変わっていない．

17) 最近では，中核農園システムの小農だけではなく，農民自らの開発による民衆農園の面積が拡大している（中島 2011）．民衆農園の出現は，今後のアブラヤシ農園の動向を考える上で興味深い事例であるが，本書では考察対象とせず，今後の課題としたい．

18) PTPN は，PTPNIII（メダン），PTPNIV（ジャンビ）というように，地域ごとに 14 の企業に分かれているが，現在，経営基盤の強化を目的とした合併が計画

されている (*Bloomberg News*: Nov. 12, 2007).
19) GAPKI ウェブサイト (URL は巻末を参照) より.
20) 2002 年農業大臣通達第 357 号によれば, 1 つの企業が保有できる農園面積は 1 つの州内で最大 2 万ヘクタール, 国内全体で最大 10 万ヘクタールまでとなっている.
21) 投資家のジョージ・ソロスは, アチェ州で 2 万ヘクタールのアブラヤシ農園開発に関心を示している (*The Jakarta Post*: Sep. 14, 2007).
22) 2007 年 11 月, いずれもマレーシアの農園企業大手である, サイム・ダービー, ゴールデン・ホープ, クンプラン・ガスリーが合併し, 新しくサイムダービー・プランテーションとして事業を行っている.
23) 各社ウェブサイトより (URL は巻末を参照).
24) インドネシア事業競争監視委員会 (KPPU: Komisi Pengawas Persaingan Usaha) 委員長のシャムスル・マーリフ氏は, 国内のパーム油産業では上流・下流部門ともに少数の企業による寡占化が進んでおり, 需要と供給の関係にもとづくパーム油製品の適正な価格付けが損なわれる可能性があるとして, パーム油産業内部の不公正な事業行為について調査に着手したと述べている (*The Jakarta Post: June* 14, 2007).
25) ウィルマー・インターナショナル社ウェブサイト (URL は巻末を参照).
26) IOI グループ・ウェブサイト (URL は巻末を参照).
27) 各社ウェブサイト (URL は巻末を参照).
28) カーギル社ウェブサイト (URL は巻末を参照).

第5章
アブラヤシ農園開発と地域社会

1. 民間企業重視の中核農園システムへの変容

(1) 中核農園システムの成立と展開

　本章では，アブラヤシ農園開発が地域社会に与える影響について論じるが，まずアブラヤシ農園における一般的な生産方法である中核農園システムについて整理しておこう．アブラヤシ農園開発の歴史は，大きく3つの時期（国営企業主導期：1968-80年代半ば，移住プログラム期：80年代半ば～94年，民間企業主導期：95年～現在）に分けられる[1]（表5-1）．

国営企業主導期

　1970年代，政府は，スマトラ島やカリマンタン島といった地域での農業開発を推進し，非生産的な状態にある貧困・土地無し農民を活用してゴム，ココナツ，アブラヤシの開発を行い，農民の雇用・所得の拡大をもたらすこと，および，急速に増加している国内の食用油の需要を満たすことなどを目的として，世銀をはじめとした海外の援助機関からの支援を受けながら，中核農園システムを実施していった．もともと中核農園システムは，1960年代に世銀とADBの支援によって，マレーシアの連邦土地開発庁（FELDA）によるアブラヤシ農園開発に適用されたものであり，このシステムのもとで，マレーシアのアブラヤシ農園の規模は急拡大したことから，インドネシアにおいても同様の手法による農園開発が進められた．1977年にNucleus

表 5-1　中核農園システムの変遷

時期区分		概要	推進主体
1968年〜80年代半ば	国営企業主導期	世銀による援助を受けて，国営農園企業を中核農園とする NES プロジェクトを実施．	政府
1980年代半ば〜94年	移住プログラム期	ジャワ島からスマトラ島やカリマンタン島へ移住者を小農とした中核農園システム．中核農園は民間農園企業で，政府が農園企業への譲許的融資や小農への生活物資の支給を実施．	
1995年〜現在	民間企業主導期	プログラム：KKPA, Kemitraan, KPEN－RP など．中核農園である民間農園企業による，小農への技術指導や銀行から小農への融資の仲介．政府の役割は小農への融資の利子補給へと縮小．	民間企業

出所：McCarthy（2010）および Jelsma, et al.（2009）を基に筆者作成．

Estates and Smallholders（NES）I プロジェクトが実施されて以降，77年から83年の間に合計7回にわたって援助が実施され，合計約8.7億ドル（うち援助は4.7億ドル）が投入された[2]．NES プロジェクトでは，中核農園の対象となったのは国営農園企業であり，農園の周辺に居住していた約6万4,000世帯が小農として参加した．また，政府も豊富な原油収入を背景に，世銀が支援するNESプログラムと併行して，政府単独での中核農園システムを実施していった．

移住プログラム期

インドネシアは人口の半数以上が肥沃なジャワ島に存在しており，ジャワ島での都市化の進展や環境の劣化に伴い，小規模零細農家や土地無し農民が増加していた一方，その他の地域では，人口密度が低く，土地や天然資源が豊富に存在していたことから，政府は，ジャワ島の住民をスマトラ島やカリマンタン島に移住させていった．この移住政策によって，1903年から90年までで360万人以上がジャワ島から外島へと移住しており（World Bank 1994: 1），76年から83年にかけては，世銀の支援（5.6億ドル）を受けて，

第5章　アブラヤシ農園開発と地域社会　　　　　　　　　　133

移住計画が推進されていった．

　1980年代後半以降の中核農園システムは，この移住政策と組み合わせて，PIR-Trans (Perkebunan Inti Rakyat-Transmigrasi) として実施されるようになった．PIR-Trans は，従来までの中核農園システムとは異なり，民間農園を中核農園とするシステムとなっており，政府は，農園開発に必要なインフラ開発や，中核農園による農地整備，植樹，搾油工場の建設のための資金調達の支援として民間農園企業に譲許的な融資を実施したほか，小農に対しては，植樹の支援や食料品・住宅の手当が行われた[3]．また，アブラヤシ農園部門への民間企業の参入を果たすために，86年と90年に農園開発の許認可に関する省庁間の調整を促す政令が出され，93年には，地方政府により多くの権限を与えることを目的として，従来までは100ヘクタール以下の農園開発に必要であった地方政府による森林開発許認可権が200ヘクタール以下の農園開発にまで拡大されるなどの措置が取られた (Colchester, et al. 2006: 44)．

民間企業主導期

　90年代半ば以降は，政府に財政上の余裕がなくなってきたことと，市場経済を活用した農園開発を図る必要性が出てきたことから，政府の役割は限定されることになり，新たな中核農園システムである KKPA (Kredit Koperasi Primer Anggota) の下で，政府が担ってきた機能のいくつかが小農によって組織される協同組合に移管され，中核農園の民間企業と協同組合の「協力」で農園開発が進められることになった[4]．協同組合は，自分たちの土地を農園企業に提供する一方，企業は組合に対してアブラヤシ生産の技術指導を行い，また，組合から小農の土地の権利書を担保として引き取り，金融機関から小農への融資をつなぐ役割を担うことになった．政府は法制度の整備や協同組合への融資を担い，これにより，金融機関は中央銀行から4％の譲許的融資を受け，小農は金融機関から農園整備段階では11％，収穫後では14％の利率で借入を行うことが可能となった (Larson *op. cit.*: 6およ

び林田 2011: 116).

(2) 民間企業主導の中核農園システム

　中核農園システムによって政府の手厚い支援を受けた民間農園企業は，自らの資本的制約を突破し，農園開発事業への新規参入および事業の拡張を進め，結果として300万人（2005年）を超えるとも推定されるほど多くの農園労働者の雇用が生み出された[5]．

　他方で，民間企業重視の中核農園システムが形成されるなかで，中核農園と小農・地域社会との関係において，いくつかの重要な変化が生じている．1つ目は，小農の生産方法に個人主義的な手法が用いられるようになったことである．ジェルスマら（*op. cit*.: 40）は，1980年代前半に西スマトラ州で実施された世銀のNESプロジェクトについて，小農によって収穫された果房の売上は農家の集団間でほぼ等しく配分されることになっており，この制度のもとでは各農家は果房の生産についてその他の農家に対して責任を持つという集団的な農園経営が行われていた，と述べている．しかし，90年代後半に実施されたその他の地域のKKPAプロジェクトでは，小農の集団としてKUD（村落協同組合）はあるものの，KUDは中核農園の影響下にあり，小農をとりまとめる機能を担っていたわけではなく，各農家は自らの農園で収穫高に応じた収入を得ており，その他の農家に対する責任を負っていない．この個人主義的な農園経営の導入により，農家間の協調による農園経営の改善という側面が失われ，中核農園と小農が1対1で関わるという意味合いが増すことになった．

　2つ目は，民間企業の進出に伴い中核農園の土地所有が拡大する傾向を示している点である．国営企業主導期の中核農園システムでは，中核農園と小農との土地の配分は20：80であったが，民間企業を中核農園とする場合，土地の配分は40：60であったり（Colchester, et al. *op. cit*.: 75），さらには，2000年代に入り中核農園が最低でも土地の20％を小農に配分すればよいという事例も出てきている（Zen, et al. *op. cit*.: 2）．小農の土地の配分が少な

いと言うことは，中核農園による小農の育成費用がかからないということに加え，中核農園が所有する搾油工場の稼働のために，小農からの果房の買い取りに依存しなくて済むことになる．また，林田（2007）によれば，雇用される農園労働者は，小農保有の小規模農園よりも民間・国営の大規模農園の方が少ないと推計されており，したがって，大規模農園の拡大によって小農と農園労働者が減少することになり，当初の中核農園システムが掲げていた地方での雇用増大という理念は失われてきていると言えよう[6]．

結果として，中核農園と小農との力関係がますます中核農園側に傾き，企業は小農を農園開発のパートナーとしては見なさないようになっていった．総じて，中核農園システムは，民間企業重視の農園開発のなかで，徐々に，農民の所得向上という目的とは離れて，民間農園企業の利益を確保する手段へと変化していったと考えられる．

2. 小農によるアブラヤシ農園経営の現状

(1) 移民による入植

スマトラ島の中部，東海岸に位置するリアウ州は，国内有数の天然資源富裕地域としてよく知られている．この地域では，米国の石油メジャーであるカルテックスが古くからリアウ州で原油の生産を行ってきており，また，広大な熱帯雨林を利用したアカシア・プランテーションなどの材木業も栄えている．リアウ州は，シンガポールやマレーシアとの距離が近いこともあり，近年では，シンガポール，マレーシアと合わせて，「成長の三角地帯」とも呼ばれている．リアウ州のアブラヤシ農園の面積は国内最大の144万ヘクタール（2006年）で，国全体の農園面積の約23％を占めている．

州都プカンバルーから西に100キロメートルほど行ったところにあるカンパール県では，かつては県内のほとんどの土地が熱帯雨林であったが，地元民に加えジャワ島からの入植者が農園開発を進め，現在では見渡すかぎり一面のアブラヤシ農園が広がっている．図5-1は，カンパール県を上空から見

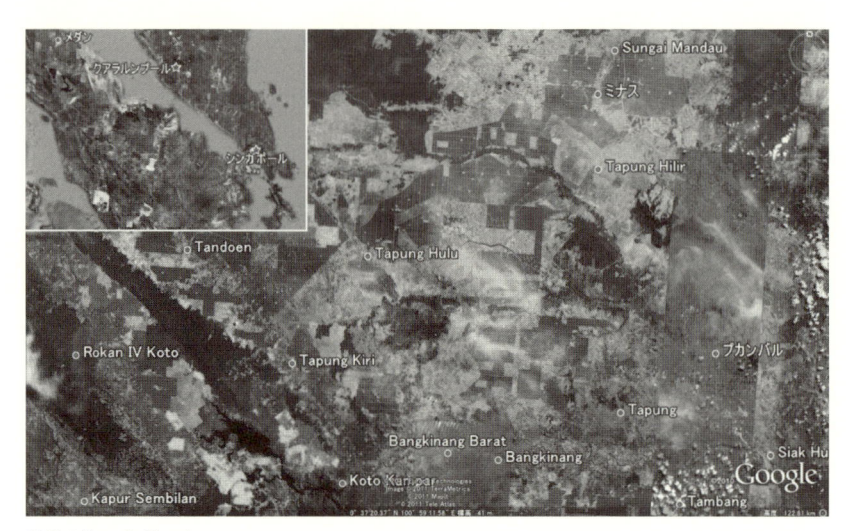

出所：Google Earth．
図5-1　上空から見たカンパール県の様子

た図であるが，直線で区切られたアブラヤシ農園があちらこちらに存在している様子がわかる．

　カンパール県では1980年代頃からジャワ島からの移住者らによる入植が始まり農園開発が進められてきた[7]．調査を行ったプタパン・ジャヤ村は，中部ジャワ州で米作を営んでいた農民の移住者が多く，その他にも西ジャワ州や東ジャワ州からの移住者も生活している．移住者同士の会話ではジャワ語が飛び交い，家を訪問した際に出されるお菓子や甘い紅茶を見ると，あたかもジャワの農村に来たかのような錯覚を覚える．

　プタパン・ジャヤ村では1983年にPIR-Trans方式で入植が行われ，移住者は自家消費用農産物の土地（1ヘクタール），農園（0.75ヘクタール），住居（0.25ヘクタール）の合計2ヘクタールの土地が与えられた．移住者の話では，入植当初は，サルやブタ，ゾウなどが生息していた森林を切り拓いて農地を開拓し，コメやトウモロコシを栽培していたが，その後，土地の生産性が落ちてきたので，自家消費用農産物の土地も合わせて，KKPAによるアブラヤシ農園へと移行していった[8]．移住者の中には，新たに土地を買

い取ることで次第に農園を拡張し，50ヘクタール程度にまで規模を拡大している者もあるが，土地の値段が当時の1ヘクタール当たり15万ルピア(1,700円) から現在は1億ルピア (111万円) へと高騰していることから，この地域での小農による農園の拡張は難しくなっている．

(2) 小農による農園の経営方法

プタパン・ジャヤ村のヒクマ・ジャヤ地区では，29戸の小農で1つのグループ (Kelompok) となり，11のグループが集まって1つのKUDが組織されている．図5-2は小農とKUDと中核農園の関係の概略を表している．KUDの主な役割は，農園経営に必要な肥料・種苗・農薬の調達・販売[9]や，農家から集めた果房の搾油所への販売および売上の農家への配分に加え，KKPAに基づく，中核農園を通じた金融機関からの借入・返済業務であり，その他にも，小農と中核農園との間で協議が必要な場合は，KUDが両者の窓口になって話し合いが行われる．KUDの役員は定期的に選挙で選ばれることになっている．中核農園は，KUDから買い取った果房を自社所有の工場で搾油し，また，小農に対してアブラヤシ生産の技術指導を行うほか，農家から土地の権利書を担保として預かり銀行から農家向けの融資を仲介している．KUDはあくまで農民の代表組織であり，また，設備投資に巨額の費用が掛かることから，収穫したアブラヤシの付加価値を高めるために自ら搾油工場の経営を行うことはないようである．

農園経営を始めるには，まず農園の整地作業を行う必要があり，そのために森林を伐採するか，場合によっては森林を燃やす場合もある．その後，アブラヤシの苗を植えていくが，アブラヤシの苗が成長し，果房を収穫できるまでには約3年程度の時間を要するため，その間は農家の収入はなく，銀行からの借金と農園以外の仕事による収入で生活をする．借金は，1ヘクタール当たり年間1,500万ルピアであり，果房の収穫開始後に，果房の販売で得た収入から5～6年かけて元利を返済していく．ヒクマ・ジャヤ地区の農家は，農園経営を開始した1996年に借金が2,300万ルピアあったが，2007-08

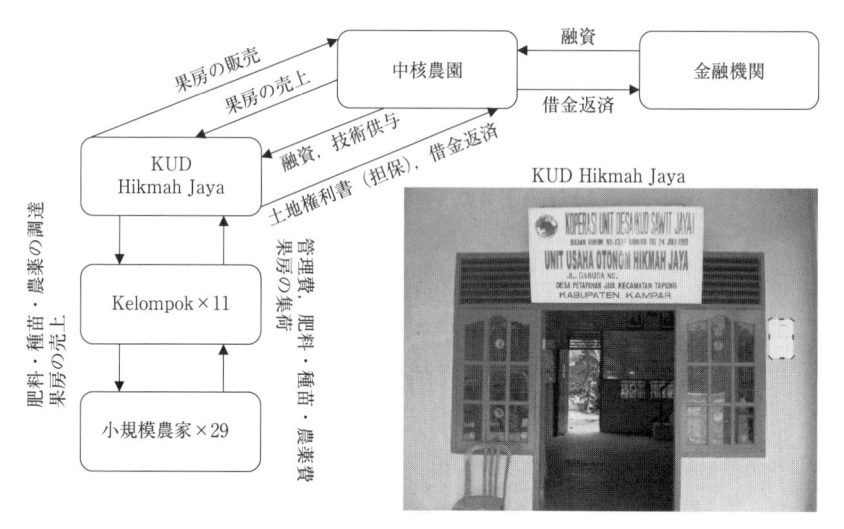

出所:筆者作成(写真は筆者撮影,2008年9月).

図 5-2　小農と KUD と中核農園の関係

年に返済が終了している.世界的にパーム油の需要が伸びており,価格が上昇傾向にあったことから,債務不履行に陥る農家はほとんどいない.

　農家は農園労働者を雇用して施肥や収穫作業を行う場合が多く,自身が作業に従事するということはあまりなく,なかには,肥料やセメント販売のような農園経営以外の事業を行っている農家もある.ヒクマ・ジャヤ地区では,雇用されている労働者の9割が大都市である北スマトラ州メダン市からの出稼ぎ労働者で,毎月の収入は90万ルピアから150万ルピアである[10].

　アブラヤシの苗は品種改良が進められており,数種類が流通している.民間農園はマリハット種やコスタリカ種などの高収量の苗を利用しており,マリハット種は20～25年の生産が可能で,果房が大きく生育するのが特徴であり,コスタリカ種は生産期間17年であるが,果房を多くつけるのが特徴である.こうした苗は1株あたり3～5万ルピアで販売されており,小農は資金力が乏しいため,その他の品種の苗を利用している.通常の品種の生産期間は25年で,10年目に最大の収量となるが,その後,収量は徐々に減少

していく．また，民間農園は2カ月に1回程度，農園を全体的に除草するが，農家は雑草が多いときに除草をする程度で特に決められた頻度で除草を行っているわけではないようである．

　肥料はUrea（窒素，年に2回施肥），TSP（リン，年1回），KCL（カリウム，年2回），Dolomit（マグネシウム，年1回）などが使用され，収量の減少期に差し掛かる13年目以降は，より多量の肥料が投入される．短期間で15キログラム以上にもなる果房が実るアブラヤシには大量の肥料の投入が必要であり，低肥沃の土壌が広がる地域ではさらに多くの肥料の投入が必要となる．

(3) 小農の経営状況

　表5-2は，ヒクマ・ジャヤ地区の農家の1カ月の経営状況を示している．まず収入面であるが，農家は収穫された果房を中核農園が保有する搾油工場へと輸送し，決められた値段でKUDを通じて販売する．2008年5月は，CPOの国際価格が急上昇している最中であったため，果房の買取価格も高く，小農の収入は537万ルピアとなっている．支出面では，収入の30%が借金の返済に充てられることになっており，161万ルピアが返済されている．アブラヤシ果房の生産費として，肥料代が131万ルピア，果房の収穫代が20万ルピア，果房の輸送代が8万ルピアなどとなっており，合計164万ルピアが投入されている．その他にも，果房を農園からトラックで運び出すための農園内の道路整備費に13万ルピア，KUDに支払われる管理費に38万ルピアが支出されており，支出の合計は376万ルピアとなっている．

　収入から支出を引いた小農の所得は161万ルピアとなり，リアウ州の最低賃金である80万ルピアを大きく上回っている．また，農園開拓のための借金を返済し終われば，所得はそれまでの約2倍になるため，全体として，アブラヤシ農園開発は農民の所得向上に大きな役目を果たしている．農園地域周辺の都市部では，農家の購買力の増加に伴って，商業施設の建設や道路整備が進み，現住地での生活が便利になってきている一方，出身地では移住す

表 5-2　ヒクマ・ジャヤ地区のアブラヤシ農家の経営状況(1.75ha, 2008 年 5 月)

A.	収入	5,367,198
	収量（kg）	2,795
	買取価格（ルピア/kg）	1,920
B.	支出	3,757,161
	1.　借金の返済	1,610,159
	2.　生産費	1,636,995
	a.　果房の収穫	195,659
	b.　果房の輸送	80,674
	c.　果房の積みおろし	34,575
	d.　肥料代	1,306,400
	e.　肥料の輸送	4,612
	f.　肥料の積みおろし	1,976
	g.　肥料の散布	13,101
	3.　道路補修	134,180
	4.　管理費	375,704
C.	所得（A－B）	1,610,037

出所：Hikmah Jaya 地区農村協同組合資料（2008 年 9 月入手）より筆者作成.

る際に農地を家族に分配してしまっていることから，移住者からは，出身地のジョグジャカルタ特別州のグヌン・キドゥルには戻りたくないとの声が聞かれた[11]．

　他方で，小農の農園経営は国際的な原油価格およびCPO価格に左右され，決して安定しているとは言えない．図5-3は原油価格，CPO価格，アブラヤシ果房（FFB）の買取価格の推移を示しているが，2つの特徴を見出すことが出来る．1つ目は，原油価格，CPO価格，FFB価格がそれぞれ連動して動いていることである．原油やCPOは国際的な商品先物市場で取引されており，商品市場の好不況により価格が同様の動きを示すことが考えられるが，加えて，CPOは原油の代替燃料であるバイオ・ディーゼル用としての需要もあることから，原油価格上昇の結果としてバイオ・ディーゼル・CPOの需要増・価格上昇という風に，国際的な原油価格の動向によってCPO価格が左右される側面を持っていることも指摘できる．FFB価格はCPO価格に係数をかけて算出されることから，両者は強い連動性を示して

第5章　アブラヤシ農園開発と地域社会　　　141

(2005年=100)　　　　　　　　　　　　　　　　　　　　　　　　　　　　(ルピア／kg)

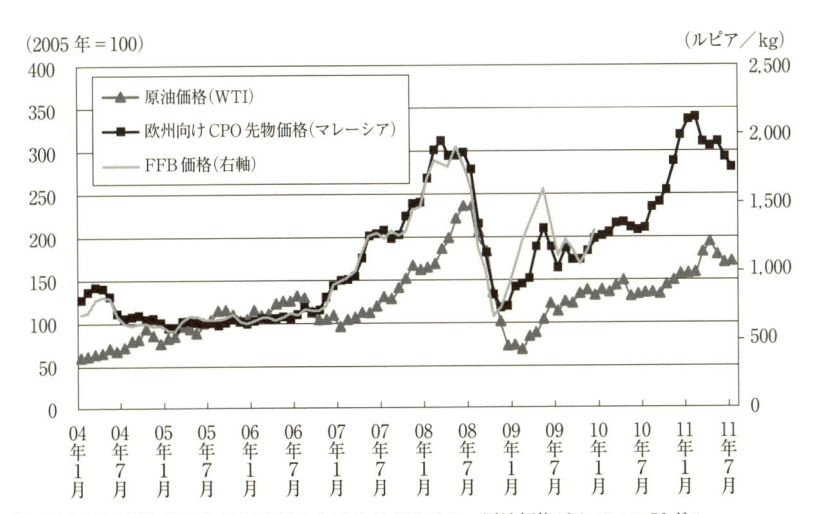

凡例：
- 原油価格(WTI)
- 欧州向けCPO先物価格(マレーシア)
- FFB価格(右軸)

注：2005年の平均価格はCPOが1トンあたり368ドル，原油価格が1バレル56ドル．
出所：IMF, *The Primary Commodity Price tables*（URLは巻末を参照）及びHikmah Jaya地区農村協同組合資料（2010年2月入手）を基に筆者作成．

図5-3　原油・CPO・FFB価格の推移

いる．この係数は搾油工場を持つ農園企業によって決定され，農園企業と小農の力関係上，農家の声は買取価格に反映されにくい[12]．

2つ目は，価格が乱高下しやすいということである．商品先物市場は，その時々の世界経済の状況に大きな影響を受けやすく，例えば，2008年以前の世界経済は，新興国を始めとして高水準の成長を達成しており，資金が新興国市場や商品市場に流入し，結果として原油価格とCPO価格は過去最高値を更新したが，ひとたびリーマン・ショックが起こり，市場から資金が引き揚げ始めると価格は急速に下落した．最近では，景気回復を目論む米国をはじめとした先進国の金融緩和政策により大量の資金が市中に供給されたことや，2011年に入り，中東情勢が不安定化し原油の供給に不透明感が出てきたことから，商品市場に再び資金が流入し，原油価格，CPO価格ともに上昇傾向を示していたが，その後，米国の金融の量的緩和政策第2弾（QE2）が終了したことや，米国債の格下げなどを受けて，再び資金が流出

し，価格が下落し始めている．CPO価格は，大豆や菜種といった食用油の分野でパーム油と競合する作物の出来などに影響を受けやすいことも価格の浮動性を高めている．

　FFB価格は，2004年から2006年あたりまでは，1キログラム当たり600～700ルピアで取引されていたが，2007年に入ってからはCPO価格に引きずられる形で価格が急上昇し，2008年5月には1,920ルピアで，過去最高値となった．表5-2で示した小農の収入は，この果房買取価格の高騰の影響をうけており，通常よりも高収入がもたらされている．しかし，6月以降は国際的な原油価格とCPO価格の下落にあわせて，FFB価格も下落し，8月には1キログラム当たり1,176ルピアになり，わずか3カ月で約40％も価格が下がっている．農家からは，原油価格の高騰によって国内の肥料価格が上がっており，アブラヤシ生産への支出が増大し，これ以上果房の買取価格が下がれば，農園経営が厳しくなるとの悲鳴が上がっている[13]．

　植え替えについての問題もある．ヒクマ・ジャヤ地区では農園経営が始まってから15年以上が経過しており，アブラヤシの生産が終了する25年目に向けて，次世代の植え替えをどうするかが懸念されている．植え替えを行うには，1ヘクタール当たり2,500万ルピア程度が必要であり，植え替えの後も最初の収穫が得られる3年後まで収入が得られないことになる．別の農地を購入し，そこを植え替え前に生産が出来る状態にしておいて，植え替えに備えることが1つのやり方であるが，KUD組合長に話を聞くと，大多数の農家は，そうした方法ではなく，植え替えに伴う無収入期間を借金によってやり過ごすつもりでいる．組合長は，農家に対して，植え替えに備えるために貯蓄をするように奨励しているが，農家は将来のことを考えず，個人的な消費を増やす傾向があり，意見に耳を貸す人は多くない．借金で再び農園経営を行う場合，果房の買取価格が下落した際には，返済が滞り，土地を手放さなければならなくなる場合も想定される．

3. 農園開発と地域社会の変貌

(1) 土地所有権制度の変遷

　オランダ植民地期には，オランダ人や一部華人に対しては，近代的な西欧土地法に基づく土地所有権が認められる一方，インドネシア人にはこの権利が適用されず，慣習法に基づく土着民占有権が与えられるという，二元的土地所有構造が成立していた．この二元的土地所有は，土地所有を明確にすることでオランダ農園企業の活動を保証することと，慣習法を認めることで土着民の土地が非土着民により支配されてしまうことを防ぐことを目的としていた[14]．

　その後，1960年の土地基本法により慣習法が土地制度の基礎とされ，土地所有の二元構造が廃止されたが，この背景には，全民族の参加によりオランダ植民地からの独立を勝ち取ったことと，当時のスカルノ政権が社会主義的な性格を強めていたことがあり，慣習法の強調と私的土地所有の制限がなされた．しかし，慣習法が認められる一方で，それまでの，所有権が証明されない土地は国有地とする規定をなくし，1945年憲法第33条第3項「大地・水およびこれらに包蔵される天然資源は国家によって管理され，国民の最大の福祉のために用いられる」のもとで，すべての土地は国家によって管理されることになり，慣習法はこの国家の管理権に服し，国家の利益を阻害してはならないということとなった．

　土地に対する国家の管理権の強調は，1960年代後半にスハルトが政権についてから顕著になり，1967年の林業基本法や鉱業基本法の制定においても，慣習法は尊重されることなく（Colchester, et al. *op. cit.*: 50），林業基本法の実施細則では，慣習法は林業開発を阻害しない限りにおいて認められるとされた．スハルト大統領は，慣習法よりも国家の利益を優先させる方針のもとで，軍による介入を強め，先住民の土地で森林開発・農園開発を行っていくことになった．

1998年のスハルト政権崩壊後は，慣習法についてその定義を改め，先住民に譲歩する内容の規則が制定されたが，2004年のプランテーション法（2004年第18号法）では，もともと60年間（当初期間：35年，延長期間：25年）であった土地開発権（Hak Guna Usaha: 以下，HGU）の期間が，120年へと延長されることになり[15]，また，2007年の農業大臣令では，1つの州内における1企業の農園開発面積の上限が2万ヘクタールから10万ヘクタールへと緩和されることになる（Marti 2008: 30）など，依然として先住民の慣習法についての取り扱いは大きく変わっていない一方で，企業による農園開発を促進させる意味合いがますます強まってきている．

(2) 土地紛争

農園開発による土地をめぐる争いはインドネシア各地で数多く発生しており，筆者が訪れたリアウ州プララワン県でもアブラヤシ農園企業と住民との間で同様の争いが起きている．プララワン県パンカラン・レスン地区タンブン集落，クスマ村，タンジュン・ブリンギン村の住民は，100年以上前からこの地域で漁業やゴム生産，木材生産で生計を立ててきたが，1990年代に入り農園企業ムシン・マス社が農園事業を始めてから，地域の様相は一変している．

図5-4はこの3つの村・集落とムシン・マス社の農園との位置関係を示している．ムシン・マスは線で囲まれた6つの地域のHGU（合計2.3万ヘクタール）を取得しているが，タンジュン・ブリンギン村とタンブン集落はこのHGUのなかに閉じ込められている．これらの地域では，住民が魚やゴムを市場に売りに出ようとすると，農園の守衛によっていつもチェックを受けなければならず，村の生産物であるという証明書がないと外に持ち出すことができないといった問題が起きている．

タンブン集落は，1993年にムシン・マスから1ヘクタール当たり200万ルピアで土地を買い取るという申し出を受けたが，土地を手放したくない住民はその申し出を断った．しかし，その後，ムシン・マスはHGUを取得し

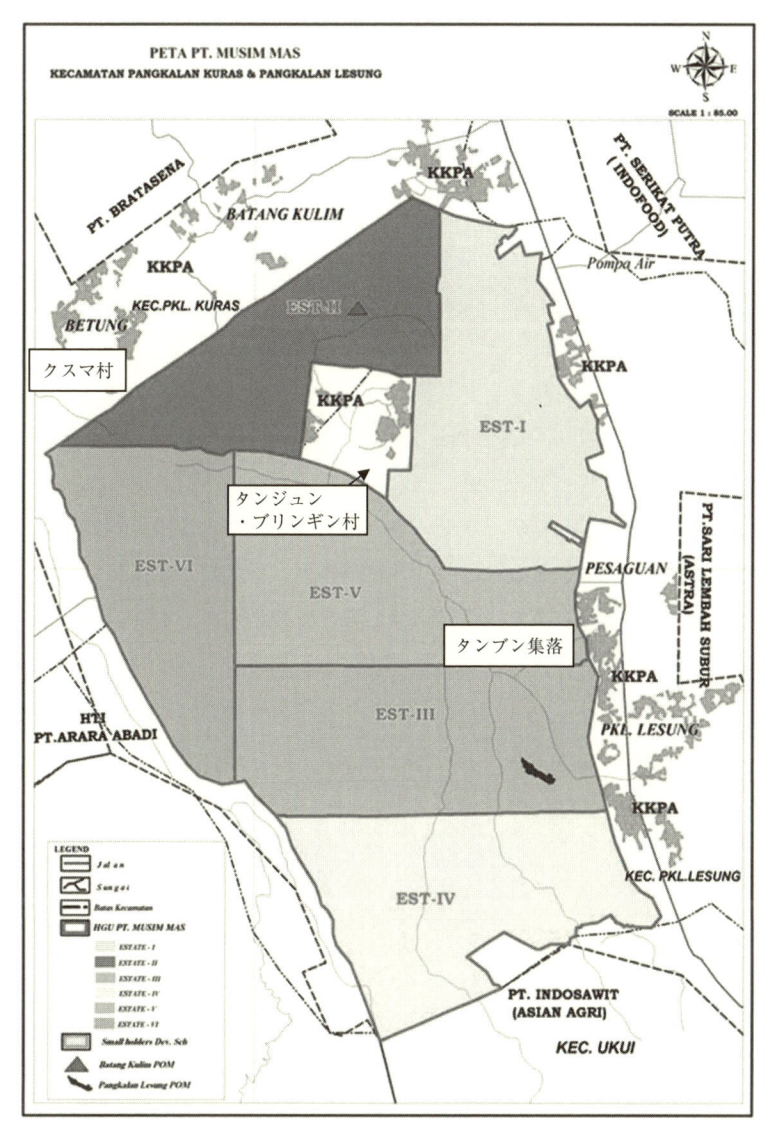

第 5 章　アブラヤシ農園開発と地域社会　　　　　　　　　　　　　　145

出所：Control Union Certifications によるムシン・マスの RSPO 認証評価報告書：5（http://www.rspo.org/sites/default/files/PT%20Musim_Mas_by%20CUC.pdf、2011 年 8 月 21 日ダウンロード）および、地元 NGO・Scale Up へのヒアリングを元に筆者作成。

図 5-4　ムシン・マス社による農園開発地域

て，住民に説明なく土地を占有し農園事業を行っており，住民は土地を奪われたままとなっている．クスマ村とタンジュン・ブリンギン村では，ムシン・マスはKKPAによって住民を組み込んだ農園開発を行うことを約束したが，タンジュン・ブリンギン村ではKKPAが実施されたのは予定の半数の住民に過ぎず，クスマ村に至ってはこれまで全く実施されていない．その他，ムシン・マスと住民との間で約束された道路整備や井戸の設置，漁獲用の池の造成なども依然として実現されていない．

農園事業が開始されてから，この地域の自然環境は大きく変化している．付近を流れるナプー川およびタンジュン・ブリンギン川などでは，住民による漁業が営まれており，この地域において重要な役割を果たしてきたが，湿地と森林が農園に変わり，土壌の保水力が落ちた結果，雨が降らないと川が干上がってしまって漁業ができない場合も出てきている．また，農園からの排水が河川に流れ込むことにより，水質が悪化した結果，生息している魚の種類が減少し[16]，漁業収入に悪影響が及んでいる．

ムシン・マスは，「持続可能なパーム油のための円卓会議（Roundtable on Sustainable Palm Oil：以下，RSPO）」から自然環境や地域社会に配慮しているという認証を受けていることから，住民側はRSPOに対して，ムシン・マスの認証取り消しを求めており，また，地元NGOを通じて，政府に対してHGUの認可を取り消すよう何度も申し入れを行っている．

アブラヤシ農園開発では，スマトラ島やカリマンタン島を中心に，各地で農園企業と地元住民との間で土地をめぐる争いが多数生じており，なかには両者の衝突により，死者やけが人が出る場合も珍しくない．スハルト政権では，企業と住民が対立している場合，政府が企業の代わりに住民と話し合いを行っていたが，解決しない場合は軍を動員して企業の要求を呑むように迫ることもあった．スハルト退陣後の「民主化」された現在では，政府が前面に出てくることはなく，企業と住民が直接話し合うようになっているが，政府や自治体は，地域開発の重要な柱であるアブラヤシ農園開発を積極的に推進する立場から，住民側に協力的な姿勢を示すことはほとんどない[17]．

（3）土地の集約

アブラヤシ農園の広がりは，住民を土地から排除するという問題だけでなく，住民を農園開発に取り込むことで，住民間の格差問題を引き起こしている．

マッカーシー（*op. cit.*）は，スマトラ島南部のジャンビ州でのアブラヤシ農園と地域社会との関係についての調査を通じて，かつては，村落全体が同様の階層で，広範な共有地で焼き畑によるコメやゴムの生産を行っていたムラユ人社会において，アブラヤシ農園の広がりによって，土地所有を拡大させる住民と，土地を失って農業労働者となる住民とに階層が分化していると指摘している．

1997年に3つの村がKKPA方式による中核農園システムに参加することになったが，翌98年の経済危機によって一旦事業停止状態に陥った農園事業に対する，それぞれの村の対応の違いにより，その後，全く異なる結果が生み出されている．まず，主要幹線道路に近く，小農の20％がジャワ島からの移民によって構成される1つ目の村では，地元住民は土地の値段やアブラヤシの収益性についての情報を得やすく，農園事業の一時的な停止に対しても，約80％の住民は配分された土地を売らずに，そのまま保有していた．幹線道路から5キロメートルほど入った2つ目の村では，配分された土地を売却してしまう住民もいたが，もともと広大な土地があったことから，土地無し農民になった住民は全体の10％にとどまり，60％の住民が配分された土地の所有を継続した．3つ目の村では，土地の購入をもちかける土地取引業者に対し，熱病に浮かされたように多くの住民が配分された土地を売却してしまい，結局，少なく見積もって30％，多く見積もって60％の住民が土地無し農民になった．こうした3つの村の住民の対応の違いにより，①4ヘクタール以上の土地を持つ富裕農家（平均年収は22,250ドルで，貯蓄と新たな融資でさらなる土地の拡張に努め，農園労働者を雇用している），②2ヘクタールの土地を持つ発展途上農家（平均年収は7,969ドルで，生活に必要な物資の購入や農園経営に必要な資材の購入が可能），③その他（平均年

収は2,512ドルにとどまり,伝統的なゴム農園やアブラヤシ農園の季節労働に生計を依存している)に階層分化が進んでいる.

　この地域の住民は,農園事業の開始から実際にアブラヤシの収穫が始まり収入が得られるまでの数年間の一時的な農園労働や,森林地帯に配分された土地への移転を敬遠する傾向があり,このことが配分された土地を売却する原因であったと考えられる.また,貧困層は土地を担保にして地域の有力者から生活費を貸与されている場合があるが,返済不能に陥った際は土地を失うことになるほか,かつて共同体内で気軽に行われていたような,子供の結婚式や断食明けのお祭り用の支出,バイクの購入費など当座の現金確保のための土地の売買の習慣を改められなかったことも原因として挙げられる.

　とくに3つ目の村で顕著に見られたように,アブラヤシ農園事業についての知識を持っている移住者がおらず,ムラユ人のみで構成された村では,アブラヤシ農園事業の収益性と高騰する土地の価格について情報がなく,手元の資金を確保するために,土地を売らざるを得なかったと考えられる.その結果,農園企業だけでなく,1つ目の村の多くの住民のように中核農園システムに参加し農園経営に成功した農家や,かつては森林の違法伐採で利益を確保していた地域の有力者や役人らが土地取引業者を通じて土地を買収していく一方[18],土地を売却した住民は,低収量の苗の利用,少ない肥料投入,土壌管理不足に特徴づけられる伝統的かつ低収益のゴム農園経営を継続するか,土地無し農民となって,アブラヤシ農園での農業労働,森林の違法伐採,河川での砂利の採取,といった不安定な職に就くことになる[19].

　マッカーシーは,土地の売却を通じた階層分化の原因について,地域住民の情報不足という点に加えて,アブラヤシの素材的な特徴を指摘している.アブラヤシ農園経営には,苗や肥料の購入や適切な生産管理技術の習得が必要であり,資金不足や技術不足の農家は収穫量が落ち,結果として土地を手放さなければならなくなる.中核農園システムが民間主導型に転換して以降,政府は農園開発において間接的な役割を果たすに過ぎなくなっているが,それ以前は,その手法に批判はあるものの,中核農園の農家に対する生産管理

指導を義務づけることにより知識と技術を備えた小農を生み出すことに成功した．現在では，生産管理指導は中核農園と農家との間でやりとりされるようになっているが，両者の力関係上，適切に実施されているとは言えず，政府の支援がないまま，アブラヤシの持つ素材的な特徴がむき出しになり，企業や富裕農民への土地の集約を加速させている．

(4) 社会情勢と治安

農園開発の広がりによって，地域社会にも大きな変化が生じている．1つ目は，アブラヤシ農園による換金作物のモノカルチャー生産の広がりによって，多様な作物を生産し培われてきた地域文化および地域の連帯が失われてきていることである．住民は中核農園システムで小農となり，果房の買取価格の上昇に伴って豊かになったため，住民同士の相互依存関係や社会的連帯が希薄になっており，かつては，住民の合議によって意思決定がなされていたが，個々人がそれぞれで行動することが増えている．農園労働は雇用している農園労働者によって行われるため，農家の仕事は資金・資材管理といった経営的側面の強い分野に移ってきており，なかには，近隣の都市や別の州の大都市に移住し，不在地主化する農家も出てきている[20]．また，移住者の進出によってこうした問題がより根深いものになっている．2001年には，カリマンタン島に移住したマドゥラ島からの移民と現地住民の間で土地をめぐる紛争が起き，500人以上の移住者が殺害されるという事態が発生している[21]他，その他の多くの地域でも潜在的な紛争の可能性があると考えられる[22]．

2つ目は治安・風紀の変化で，農園地域では強盗による窃盗被害が相次いでおり，住居だけでなく，農園も果房の窃盗被害を受けている[23]．その他にも，ギャンブルや売春の横行も指摘されており (Marti *op. cit.*: 92)，地域の治安・風紀は悪化している．

アブラヤシ農園開発は農家の所得向上効果が高い一方で，農園企業と住民の間で数多くの土地紛争を引き起こし，地域社会に「持つ者」と「持たざ

者」の格差を広げ，地域社会の文化・連帯を失わせるなど，中長期的な地域の発展に大きな影を落としている．

　以上，農園開発が地域社会に及ぼす影響について検討してきたが，これらは，アブラヤシの持つ，以下の3つの素材的な特徴と大きく関係している．1点目に，収穫された果房は保存がきかず，かつ，搾油・加工に大規模な設備投資が必要であることから，農家は価格が低いときに貯蔵し，高いときに農園企業に売却することが出来ず，国際価格からほぼ自動的に算出される買取価格を受け入れざるを得ないこと，また，資金面・人材面の不足から，協同組合が独自に搾油所を運営して高付加価値化を目指すという途が展望しにくいことから，農家は中核農園企業へ依存せざるを得なくなる．2点目に，安定したアブラヤシ生産には，肥料の投入や農薬の散布，品種改良された種苗の調達が必要であり，こうした初期段階での投資が出来ない場合は，農家は土地を手放さなければならず，結果として，農園企業や富裕農家への土地の集約が進むことになる．3点目に，収穫は2週間に1回の頻度で行われ，毎日の農園の手入れも行われないことから，農家は農園労働者に作業を任せ，自身は土地を離れ都市部へ移住するという風に，農園地域において不在地主化が進行しやすい．

まとめ

　本章では，アブラヤシ農園の拡大が農家，地域社会にどのような影響を与えているかについて論じた．中核農園システムは，当初，国営農園を中核農園とし，小農に対する技術支援や生活物資の供与を通じて，農家の育成を図る目的を持っていたが，政府の市場経済・民間企業重視の方針の下で，農家への支援は以前ほど実施されなくなり，土地の配分も中核農園に多く配分されるように制度が変更されてきているなど，中核農園システムは次第に民間農園企業の農園開発を支援する方向へと変化してきている．

　2000年代半ば以降，アブラヤシ果房価格が高水準に推移していることか

第5章　アブラヤシ農園開発と地域社会

ら，農家は農園経営を通じて大幅な所得向上を実現しているが，他方では，国際的な CPO 価格に左右される形で果房価格は乱高下を繰り返しており，また，肥料価格が上昇傾向にあることから，農家の経営は必ずしも安定しているとは言えない．パーム油は加工業の多様な広がりをもち，パーム油関連企業にとっては膨大な利益の源泉であるが，それに比して，小農および農園労働者の経営環境・労働環境は厳しい．大規模農園企業は CPO の輸出や加工で利益を上げ，次々に既存農園の買収や新規農園の開拓を進めているが，こうした動きは，CPO 価格の上昇だけでなく，中核農園と小農・農園労働者との力関係をもとにしたアブラヤシ生産方式によって実現されている．農業経営へのアグリビジネス手法の導入は，農民の所得と生活水準を向上させることを目的としていたが，大規模農園企業や多国籍アグリビジネス企業と小規模農家との実際の力関係が温存されたままであったために，前者の資本蓄積の手段としての側面が強まったと言えよう．

　地域社会では，中核農園企業と地域住民との間で土地をめぐる争いが多数発生し，住民が土地を奪われて行き場を失う事例が多数報告されていることに加え，不在地主化の進行に見られるように地域の文化や連帯が失われると同時に，窃盗やギャンブルが横行するなど，治安や風紀の悪化も懸念されている．さらに，アブラヤシ農園経営の広がりによって，早期に土地を確保し，農園規模を拡大している農家が生まれる一方で，アブラヤシのブームに乗り遅れたまま，農園経営が上手くいかずに土地を手放し，結果として農園労働者となる農民が生み出されており，「持つ者」と「持たざる者」への分化が進行している．

注
1) 時期区分については，McCarthy (2010) および Jelsma, et al. (2009: 5) を参考にした．
2) World Bank, *Project Completion Report Indonesia Nucleus Estates and Smallholders I-VII Project*.
3) Larson (1996: 5-6)．なお，現地でのヒアリングによれば，PIR-Trans に参加

した農家は，政府からコメや砂糖，調理油，灯油といった生活必需品が支給されることになっており，比較的良い暮らしをしているとのことであった．
4) その他の仕組みとしては，Kemitraanがある（Zen, et al. 2008）．また，2008年以降ではKPEN-RP（Kredit Pengembangan Energi Nabati – Revitalisasi Perkebunan）による農園開発が進められており，この制度では，農家は金融機関からの借入利率13.25%のうち，政府から3.25%の利子補給を受けることが出来るようになっている（Parker, et al. 2008: 4）．
5) 農園労働者数については林田（2007）に詳しい．
6) アブラヤシ農園開発の先進国であるマレーシアの民間の大規模農園では収穫作業の機械化が進められており，技術の進展によりさらなる農園労働者の減少が懸念される．
7) 移住対象者は，家族がいる者（家族がいなくても教師であれば申請可），健康状態が良好な者，60歳以下の者などとなっており，送り出し地域ごとに人数の割り当てがある．ある地域で募集人員に欠員が発生した時はその他の地域から補充し，逆に，応募者が多数になった時は，その地域の希望者は次の募集まで待つことになる．だんだん入植先の土地がなくなってきていることに加え，移住プログラムはスハルト政権での政策であり，スハルト政権後には地方自治が導入されたことで，各地域でジャワ島からの移住者に土地を与えるようなことはなくなるのではないかと考えられる（農家へのヒアリングに基づく，2010年2月）．
8) 移住者は，移住当初のアブラヤシの収穫が行われる前の段階では，所得が少なく，厳しい生活を迫られており，移住者の約半数が与えられた土地を売却しジャワ島に帰った事例もある（McCarthy *op. cit*.: 829）．
9) KUDのない地域では，農家個人が業者から高い価格で肥料を購入しなければならない．農民たちは，業者の違法な肥料販売に対して政府に報告をするようにしているが，こうした活動をしていると命を狙われて危ないので，車やバイクで出かけないようにしている．
10) 民間農園の労働者の収入は農家に雇用される労働者よりも少ないが，その分，社会保険に加入している．
11) グヌン・キドゥルはジョグジャカルタ特別州東部のウォノサリ県にあり，第3章で指摘したように，この付近では，土壌の硬化によってコメの生産量が増えず，2006年のジャワ島中部地震の後では，自殺者が多いことが問題となっている．移住者のなかには，出身地から家族や親戚を呼び寄せる者もいる．
12) 果房の買取価格は，1週間ごとに政府機関である共同流通機関（Kantor Pemasaran Bersama: KPB）が発表する指標価格や周辺の農園企業の買取価格などを参考に決定される（KUD Hikmah Jayaへのヒアリングに基づく，2008年9月）．詳細はJelsma, et al.（*op. cit*.: 27）を参照．また，農家からは，企業によるPotongan（果実の選別）が厳しく，買取価格が下がってしまったり，買取量が減ってしまうので困るとのことであった．

第5章　アブラヤシ農園開発と地域社会　　　　　153

13) 2008年9月に行った調査では，農家は果房買取価格が1,000ルピア以下になると肥料が買えなくなると述べていた．また，Martin (1988) は19世紀から20世紀にかけてのナイジェリアにおけるアブラヤシ農園開発について論じているが，当時から，国際価格に翻弄される生産者の姿は変わらないようである．
14) 慣習法には，非土着民による土地支配を防ぐという農村保護的性格と同時に，慣習法を認め，農園企業に必要な労働力の再生産を土着民経済にゆだねることで，安価な労働力を調達するための農村社会の基盤をくずさないようにするという意味合いも持っていた（水野1988: 56）．
15) その後，新投資法（2007年第25号法）において，HGU の期間は95年（当初期間：60年，延長期間：35年）へと変更になっている．
16) 10種類ほど捕れていた魚は現在（2010年2月）では5種類しか捕ることが出来ず，エビも捕れなくなっている．以前は，2時間漁獲作業をしたら，3キログラムの魚が捕れたが，現在では，1日でたったの0.5キログラムの漁獲量しかない．住民の話では，水質が悪い河川で繁殖するホテイソウが多くなったことが，水が汚くなった証拠であるとのことであった．
17) アブラヤシ農園開発による土地紛争については，数多くの研究がなされているが，ここではさしあたり，中島 (2011)，Potter (2009)，Marti (2008)，Colchester, et al. (2006)，Hoshour (1997) を挙げておく．中島と Potter はそれぞれ，西スマトラ州西パサマン県と西カリマンタン州における農園企業・村落慣習法指導者と農民との力関係を基にした農民の土地収奪について，また，Hoshour はリアウ州における移住農民と現地住民との関係および地域社会の変化について論じている．Colchester らは，6つの土地紛争の事例紹介に加え，土地基本法における慣習法の位置づけやアブラヤシ農園に対する政策の経緯を論じ，Marti は，土地紛争だけでなく，農民の人権，労働，文化，地域社会，環境の問題について，現地の情報を詳細に報告している．
18) 別の村はゴム価格の低迷により，2007年にアブラヤシ農園事業に参加しようとしたが，すでに政府による中核農園システムが終了しており，結局，農園事業には参加できず，住民の土地は中核農園システムで成功した他地域からの富裕な農民によって買収されることになった．なお，土地証明書である SKT (Surat Keterangan Tanah) は，慣習共同体の長ではなく，官僚機構の末端組織としての村の代表により発行され，また，発行手続きがしっかりとなされておらず，農民による土地の売却を助長していると指摘されている (Colchester, et al. op. cit.: 73 および McCarthy op. cit.: 842)．
19) こうした土地や所得の格差の他にも，農薬の散布といった健康への悪影響が懸念される作業や，果房の粒拾いのような重労働を低賃金で女性が担っているというジェンダー格差も指摘されている．詳細は，White, et al. (2011) を参照．
20) 西スマトラ州の西パサマン県で1980年代から実施されている中核農園システムのプロジェクトでは，2009年の段階で60%の農民が不在地主化している．農民

の中には，農園地域を離れて，県内のシンパン・ウンパットやシンパン・ティガ，州の主要都市であるパダンやブキッティンギ，その他の州へと移住する場合もある．不在地主化の一般化により，農民間のつながりが希薄化し，今後，個人では対応が難しい植え替えに直面した際に，問題が起きるのではないかと懸念されている．詳細は Jelsma, et al. (*op. cit.*: 46-47).

21) Human Right Watch, Indonesia: The Violence in Central Kalimantan, Feb. 28, 2001（URL は巻末を参照）．

22) 筆者が調査を行った地域でも，ジャワ島からの移住者から，もともとこの地域にいた住民達は努力をしない人たちであり，川で漁業をしているだけで自ら生活を切り開こうとはしない，という意見が聞かれ，対話がなされないまま，移住者と地元住民との間で差別や偏見が広がっている．

23) 真夜中の，軍の兵士によるアブラヤシの窃盗事件も発生している（農民へのヒアリングに基づく，2008 年 9 月）．

第6章
プランテーション開発と環境問題

1. 地方分権とプランテーション開発

　インドネシアでは，2001年から地方分権改革が開始され，従来までのスハルト体制の下での中央集権が改められ，地方自治体に開発計画や予算配分の権利が与えられることになったが，これにより，自治体主導のプランテーション開発が促進されている面がある．そこで，プランテーション開発が引き起こす環境問題について論じる前に，2001年の地方分権改革について確認しておこう[1]．

(1) 地方分権改革の概要
　1960年代後半から1998年までの，スハルト体制下のインドネシアでは，国家主導の開発政策が進められ，中央集権的な行財政構造が作り上げられてきた．州知事・県知事は直接選挙で選出されず，それぞれ大統領・州知事によって任命されることになっており，地方開発は地方政府ではなく，中央政府の各省庁の出先機関が担っていた．80年代前半の公共部門の歳入・歳出に占める中央政府の割合はそれぞれ90％程度であり，地方政府の役割は限定されていた．
　1998年にスハルト大統領の失脚をきっかけに，従来までの中央集権体制のもとで抑圧されてきた地方からの不満が噴出し，東ティモール，アチェ，パプアでは分離独立運動が激化することになった．政府はこうした分離独立

運動と国内の民主化要求への対応として，地方への大幅な権限・財源の移転を柱とする抜本的な地方分権化を打ち出し，1999年に地方自治法と中央地方財政均衡法が制定され，2001年から地方分権改革が実施されることになった．

地方自治法により，スハルト政権では不明確であった事務配分規定が明確化され，中央政府の事務を，外交，国防・治安，司法，金融・財政，宗教，その他，に限定し，残るすべての事務については地方が権限を持つことになった[2]．大部分の事務は，地方分権の重点自治体とされた県・市自治体に移管され，これに伴い，約200万人の国家公務員が地方公務員に鞍替えされた．地方首長についても，地方議会によって選出されることになり，地方の権限が強化された．中央地方財政均衡法では，地方への大幅な財政移転が実現し，その使途も地方自治体が自由に決められるようになった．また，従来の中央集権体制に対しては，石油・ガスなどの天然資源収入が地方に還元されないという不満が天然資源富裕州にあり，それが分離独立運動につながっていった経緯があったことから，こうした事情に配慮して天然資源収入の地方への分与率が増加することになった．

(2) 地方への権限の委譲と歳入分与の増額

地方自治法の制定により，多くの分野において権限を得た地方自治体は独自の開発政策を策定することが可能になった．以前は，国家の開発方針を定めたRepelita（5カ年計画）に基づいて地方政府は開発を進めており，いわばトップ・ダウン式に地方の開発戦略が決められていた．分権改革後は，2004年に国家開発計画システム法が制定されたことで，地方自治体は，中央政府が定める開発計画との整合性を保つ形で，長期（Rencana Pembangunan Jangka Panjang Daerah: RPJPN）・中期（Rencana Pembangunan Jangka Menengah Daerah: RPJMD）・短期（Rencana Kerja Pemerintah Daerah: RKPD）の開発計画を策定し，中期・短期開発計画の下で予算編成を行うことが出来るようになっている（藤本2011: 125）．

第6章　プランテーション開発と環境問題

表 6-1　地方分権改革前後の財政移転の制度比較
(%)

	地方分権前		地方分権後	
1. 補助金・交付金	・SDO（特定補助金：地方公務員の人件費に使用） ・INPRES（特定補助金：インフラ整備に使用）		・DAU（包括補助金：国家予算から歳入分与等を差し引いた額の25%を地方に移転） ・DAK（特定補助金：災害等の緊急時に支出）	
2. 税歳入分与（分与率）	中央	地方	中央	地方
・土地建物税	9	91	9	91
・土地建物移転税	20	80	0	100
・所得税	100	0	80	20
3. 天然資源歳入分与(分与率)	中央	地方	中央	地方
・森林資源利用料	55	45	20	80
・森林事業権取得料	30	70	20	80
・鉱山地代	65	35	20	80
・鉱山利用料	30	70	20	80
・石油	100	0	85	15
・天然ガス	100	0	70	30

出所：Ahmad and Krelove（2000: 7）および岡本（2001: 31）を基に筆者作成．

　地方分権後の中央と地方の財政関係を規定した中央地方財政均衡法は，従来の中央集権的な財政構造を改め，地方への財政移転をより多く配分することを目的としている．表6-1は中央地方財政均衡法および2000年の所得税法によって改訂された政府間財政関係をまとめたものである．中央地方財政均衡法によって，中央からの補助金であった地方自治補助金（Subsidi Daerah Otonomi: 以下，SDO）および開発補助金（Instruksi Presiden: 以下，INPRES）が廃止され，代わって一般配分金（Dana Alokasi Umum: 以下，DAU）と特別配分金（Dana Alokasi Khusus: 以下，DAK）が導入された．DAUはSDOやINPRESのような使途が決められている補助金ではなく，地方自治体が自由に使途を決めることができる補助金であり，国家予算から歳入分与等を差し引いた額の25%以下が地方に割り当てられることになった[3]．DAUの各地域への配分方法は，天然資源や税の分与を多く受けられない自治体に対して手厚く配分されるようになっており，地域間の財政格差に配慮した仕組みになっている．DAKは地方において災害など特別な需要

が発生した場合に支出される補助金である．

　税歳入分与と天然資源歳入分与も地方からの不満を受けて地方への配分額を増加させるように改訂された．税歳入分与では，以前までは土地建物税と土地建物移転税のそれぞれ91％，80％が地方へ移転されていたが，一連の改革によって，土地建物移転税の中央取得分がすべて県・市へ配分され，新設の税歳入分与として所得税の20％が地方（そのうち8％が州，12％が県・市）へと移転されることになった．天然資源歳入分与は，石油，天然ガス，森林，鉱物といった天然資源歳入の地方への移転分から構成される．以前は中央政府がすべてを取得していた石油と天然ガス歳入は，石油については15％（うち3％が州，12％が県・市），天然ガスについては30％（同6％，24％）が地方の取り分になり，森林，鉱物収入についてもともに地方の取り分が80％（同16％，64％）へと変更され，それぞれ地方への分与比率が増加した．

(3) 資源開発の促進

　地方分権改革により，中央から地方に事務と財源が大幅に移転され，特に森林資源や鉱物資源といった天然資源歳入の地方への分与比率が高まり，これらの中央からの財政移転が地方自治体の重要な歳入源となったことで，地方自治体は資源開発を積極的に実施してきている[4]．図6-1，6-2は，ジャワ・非ジャワ地域の県・市自治体の農林業費の内訳を示している．農林業費の内訳を1999年から2003年までの経年変化でみると，両地域間で変化が見られる．ジャワ地域では，農業費がやや減少傾向にあり，その代わりに牧畜費が増加してきている．非ジャワ地域では，農業費と牧畜費の減少しているのに対し，林業費とプランテーション費が増加していることが確認できる．特に分権改革が開始された2001年以降にこの傾向が顕著に表れており，分権改革により地域の開発権限を得た非ジャワ地域の自治体が，林業部門やプランテーション部門により多くの支出を行い，天然資源中心の開発を行ってきていることがわかる．たとえば，インドネシア有数の天然資源富裕地域で

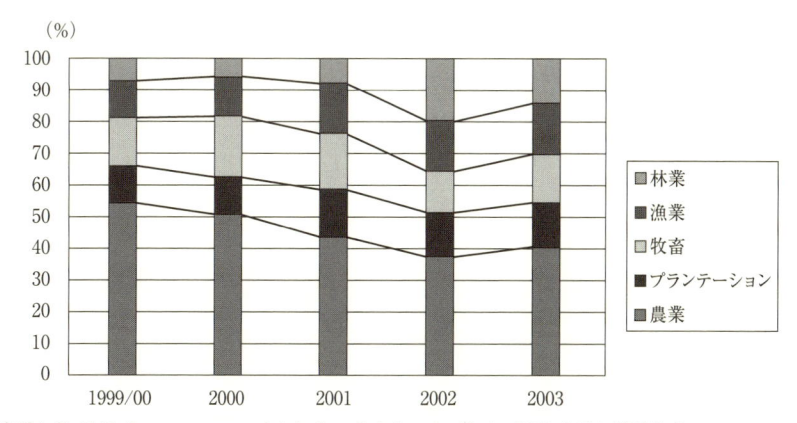

第6章 プランテーション開発と環境問題   159

出所：*Statistik keuangan pemerintah daerah kabupaten/kota 2003* を元に筆者作成．

図 6-1 非ジャワ地域における農林業費内訳

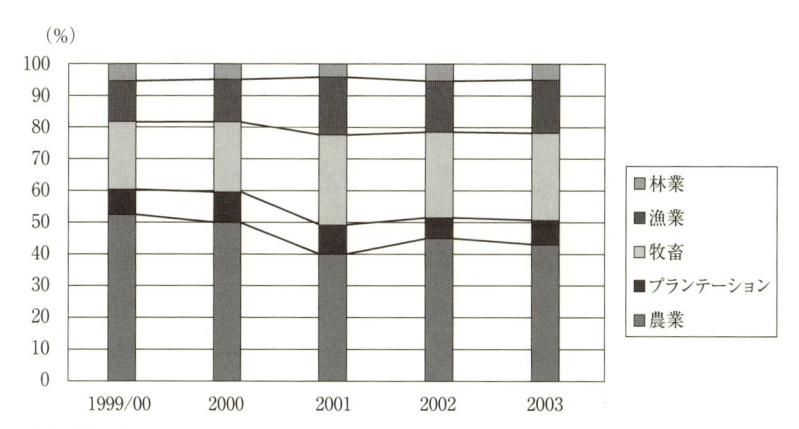

出所：図6-1と同じ．

図 6-2 ジャワ地域における農林業費内訳

ある東カリマンタン州では，林業費の大幅な増額に加えて，国内外の投資家への広報活動や投資手続きの簡素化，インフラ整備，土地建物税の課税延期といった投資環境整備を実施し，産業造林やアブラヤシ農園開発を支援している[5]．

また，こうした事務や財源の移転といった法制度面での変化の影響に加え，

軍と警察による違法伐採の進行（本名 2006）に見られるような中央から地方への汚職の分散も指摘されており，地方分権化後の資源開発は複合的な要因によって推進されてきている．地方分権改革は，スハルト体制崩壊後の民主化を支える改革として期待を集め，自治体のなかには，権限の委譲により，住民自治に基づいた行政を行っているところがあるが，一方で，収奪的な資源開発を積極化させている場合があるのも現実である．

2. 熱帯林の消失と環境への影響

(1) 拡大するプランテーション

インドネシアは，ブラジル，コンゴ民主共和国に次いで世界第3位の熱帯林面積（世界の約10％）を有しており，この豊かな森林資源は，世界の約20％（約325,000種）に相当する野生動植物の主な生息地として世界的にも貴重な生物多様性を支えている．しかし，近年の経済発展に伴う森林開発の勢いは急速で，世界食糧機関の推計によると，森林面積は1990年の1億1,855万ヘクタールから2010年には9,400万ヘクタールへと減少してきており，1分間に約4面分のサッカー場が消失していることになる（FAO *Global Forest Resources Assessment 2010*）．

インドネシアのなかでも，特に森林減少が顕著な地域がスマトラ島中部に位置するリアウ州である．図6-3は，1982年から2007年にかけてのリアウ州の森林面積と森林利用の変化を示している．82年には，リアウ州（島嶼部を除く）の面積823万ヘクタールのうち，78％に当たる642万ヘクタールが森林に覆われていたが，2007年には，225万ヘクタール（州土面積の27％）にまで減少しており，25年間に417万ヘクタール（森林面積の65％）の森林が失われた．このうち，沿岸部に広く存在している泥炭地の森林面積の減少が183万ヘクタールであり，2000年代に入ってからは，非泥炭地の森林開発の余地が限られてきたことから，新たな開発対象として泥炭地の森林開発が進められてきている．森林減少の主要因はプランテーション開発で

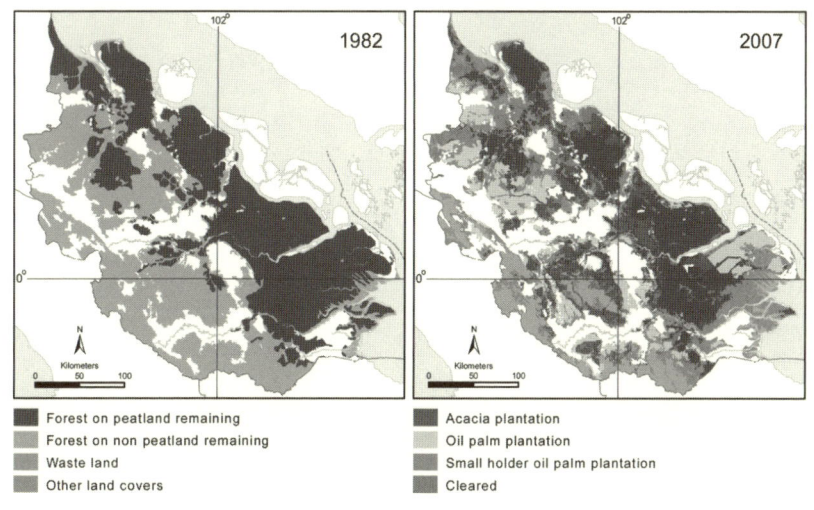

第6章 プランテーション開発と環境問題

```
■ Forest on peatland remaining          ■ Acacia plantation
  Forest on non peatland remaining        Oil palm plantation
  Waste land                              Small holder oil palm plantation
  Other land covers                     ■ Cleared
```

出所:Uryu, et al.（2008: 17），Map 4-a, 4-b.

図6-3 リアウ州の森林面積と森林利用の変化

あり，大規模アブラヤシ農園とアカシア農園[6]の開発にそれぞれ149万ヘクタールと95万ヘクタールの森林が伐採されている．州の南東部に位置するカンパール半島は，広大な泥炭地が存在しているが，2007年には，多くの森林が失われ，代わりにプランテーションが広がっていることが見て取れる．これまでのペースで行くと，泥炭地の森林面積は減少を続け，14年の段階で，07年の泥炭地森林の84.4%，非泥炭地では，2013年までに70.6%の森林が失われると予想されており，リアウ州の熱帯林は消失の危機にある．かつてはこの地域ではコメやトウモロコシ，豆など様々な作物が栽培され，1つの村でそれぞれ1つの農産物が生産されるほどであったが，現在では，プランテーションの広がりにより，多くの森林や田畑は姿を消している．

(2) 生態系への影響

プランテーション開発によって，動物たちの生息地が脅かされ，森林に生息する野鳥やシカ，サルの個体数の減少に加え，オランウータン，スマトラ

トラやスマトラゾウのような希少動物が絶滅の危機にさらされているといった事例が報告されている[7]．地元のアブラヤシ農家からは，行き場を失ったゾウがアブラヤシ果房を食べ荒らしてしまうこともよくあるとの声が聞かれ，これらのゾウは政府によって捕獲されるか，あるいは農園経営者によって毒殺される場合もある．

　アブラヤシ農園開発は土壌へ与える影響が大きい．アブラヤシの生産には大量の肥料が投入され，これにより短期的には土壌の栄養分が保たれるが，長期的には肥料の投入量を樹木の吸収量が上回ることで，土壌の栄養分が減少する可能性が指摘されている（Hartemink 2005: 15）．

　また，ボルネオ島では3,000種のアリ（全世界で12,000種）が生息しており，アリは，トカゲ，ネズミ，蛇，鳥のえさとなることで，熱帯林の食物連鎖の重要な役割を果たしているほか，雨の多い熱帯林では，雨により枯れ葉などの腐葉土が流されてしまい，土壌がやせているが，アリが動植物の分解を進めることで，土壌に養分を与え，また，アリが巣穴として掘る土の中のトンネルが，樹木の根に水や酸素を送り込むことで，樹木の生育を助けている．しかし，近年，熱帯林が伐採され，アブラヤシ農園開発の推進により熱帯林が伐採されており，アブラヤシは鬱蒼とした熱帯林とは異なり，葉を大きく広げないことから，地表が直射日光にさらされ，土地の乾燥が進み，これにより，アリや昆虫の生息域が減少している[8]．

(3)　河川への影響

　農園開発は，周辺を流れる河川にも影響を与えている．内陸部の森林地帯がプランテーションへと変えられることで，土壌が河川へと流れ，土砂が下流に堆積することで河床が上昇するが，浚渫作業が行われないことから，雨季になり降雨量が増えるとすぐに洪水が発生してしまう[9]．多くの泥炭地がアブラヤシ農園のために開発され，土壌の水分が抜かれた結果，泥炭地の土壌の保水力が落ち，周辺河川が氾濫しやすくなっている．アブラヤシ農園の拡大によって，リアウ州にある11の県のうち10の県において，半年に一度

の割合で洪水が発生するに至っている[10]．

　また，パーム原油の搾油工場から排出される汚水に含まれる鉛やその他の重金属，農園で使用されている化学肥料などにより河川の生態系が破壊される事例が報告されており，マレーシアでは，水質汚染に対して何らかの対策が講じられてきているが，依然として問題が解決されていない地域もある．環境対策においてマレーシアよりも遅れているとされるインドネシアでは，より被害が深刻化していると考えられる（Sheil, et al. 2009: 36）．

3. 泥炭地の開発と地球温暖化問題

　熱帯泥炭地は，東南アジア，アフリカ，南米に分布し，インドネシアにはスマトラ島とカリマンタン島の沿岸部に広がっている．これらの地域ではさまざまな自然条件のもと，土壌中の微生物の活性が抑制され，有機物の分解が進まず，泥炭が蓄積されたと考えられている（大崎・岩熊編 2008: 13）．泥炭地は貧栄養土壌であり，マラリア汚染地帯であったことから，かつては開発が出来ないとされていたが，排水し，土地を乾燥させた上で，大量に化学肥料を施肥することで開発が可能となったことから，相次いでアブラヤシ農園開発や米作開発が進められることになった[11]．

　泥炭地の開発は，「熱い燃焼」と「冷たい燃焼」を通じた温室効果ガス排出の原因となっている（大崎・岩熊編 前掲書: 39-71）．「熱い燃焼」とは，文字通り火災を伴う泥炭地の燃焼のことであり，泥炭地森林の伐採により泥炭地が乾燥化した上に，雷や樹木の相互摩擦による自然現象による着火に加え，泥炭表層からの肥料の採取や雑草管理を目的とした火入れという人為的な着火により火災が発生する．リアウ州では1997年から2007年の間に7万2,435件の森林火災が発生しており，エルニーニョによる旱魃が発生した1997-98，2005-06年は特に森林火災の発生件数が多く，2005年に発生した森林火災の79%が泥炭地からであった（Uryu, et al. *op. cit.*: 29）．

　他方で，泥炭地でアブラヤシの生産を行うためには，少なくとも70セン

チメートルの深さまで土壌から排水を行う必要があるが,泥炭地から排水が行われると,土壌の微生物による有機物の分解が進み,1ヘクタール当たり年間70～100トンの二酸化炭素が泥炭地から放出されることになると推計されている(冷たい燃焼).この「熱い燃焼」と「冷たい燃焼」により,インドネシアでは乾燥した泥炭の分解によって年間約6億トン,泥炭の火災によって約14億トン,合わせて20億トンの二酸化炭素が排出されていると推計され,この数字は,日本の化石燃料消費による二酸化炭素排出量を凌駕し,米国,中国に次いで世界第3位の排出量に相当し[12],地球温暖化の進行に顕著に寄与することが懸念されている[13].

泥炭地での火災から放たれる煙は,スマトラ島だけでなくマレー半島をも覆い,大気汚染の原因となっている.マラッカ海峡を挟んでリアウ州と隣接するマレーシア南部では,リアウ州で発生した火災の煙による大気汚染が原因で,200校の学校が休校になるなど,森林火災の影響は国境を越えて広がっており,インドネシアとマレーシア・シンガポールとの間で国際問題に発展している(*The Jakarta Post*: Oct. 21, 2010).この他にも,煙の大量発生により,リアウ州の州都プカンバルーで飛行機が離着陸できず,空港が閉鎖されるという事態も起きている(*The Jakarta Post*: May 15, 2011).

泥炭地以外でも,農園開発の際に森林を燃やすことで生じる大量の煙によって,地域住民が呼吸困難になるなどの健康被害が発生している.環境問題にはフロー型とストック型の公害があり,フロー公害は大気汚染などのような比較的短い間に発生する公害で,ストック公害は過去に人体・商品・環境に蓄積した有害物が長期間を経て被害を生む公害を指す(宮本 2007: 257).森林火災の問題は,汚染源や汚染者の特定と責任の追及,また被害補償が難しいという点で工場排煙による大気汚染とは異なる特別な問題となっており,フロー的な環境問題でありながら,ストック的な側面も持ち合わせていると言えよう.

4. RSPOの設立と今後の展望

アブラヤシ農園開発が引き起こす地域社会・環境問題に対して批判が高まるなか，2004年に，持続可能なパーム油の生産・利用を促進するため，RSPO（持続可能なパーム油のための円卓会議）が設立された．RSPOは，パーム油生産の推進主体である産業界と，アブラヤシ農園開発に対する批判の急先鋒であるNGOの双方が建設的な対話を行える場を設けるという動きが発展して出来た非営利団体であり，パーム油の幅広いサプライ・チェーンを構成する企業やNGOが参加しており，理事会は産業界とNGOそれぞれに同数の議席が割り当てられている．

持続可能なパーム油生産とは，環境面の持続可能性のみに配慮した生産というわけではなく，その他にも，法律，経済的な実行可能性，社会的な便益を考慮に入れた生産を意味しており，この観点から，RSPOは8つの原則を定めている．8つの原則とは，①透明性への取り組み，②法律・規則の遵守，③長期的な事業運営への取り組み，④農園・搾油業者によるベスト・プラクティスの活用，⑤環境への責任，天然資源と生物多様性の保全，⑥農園・搾油業者による労働者・地域コミュニティーへの配慮，⑦責任ある新規農園開発，⑧主要な活動における継続的な改善，であり，項目毎に基準とガイドラインが定められ，各作業部会が運用を行っている．

RSPOは，2004年に45の参加団体でスタートし，その後も着実に参加企業が増えている．2011年には参加団体数は525に上り，特に，近年のアブラヤシ農園開発の環境破壊への関心の高まりから，09年以降は加入者数が大幅に増えている．RSPOによって認証されたパーム油（CSPO: Certificated Sustainable Palm Oil）は472万トンで，全世界の生産量の約10％に相当する．最近では，RSPOのメンバーであるインドネシアの大手農園企業シナール・マスの関連企業Golden Agri Resources社が，RSPOから天然林を違法に伐採し泥炭地を開発しているとの指摘を受けて，Golden Agri

Resources の取引先であるユニリーバ，ネスレ，クラフト，バーガーキングが同社とのパーム油の取引を停止する方針を明らかにしており，RSPO の普及・啓発活動が効果を挙げている事例もある（*Financial Times*: Sep. 23, 2010）．

他方で，岩佐（2008）が指摘するように，RSPO の取り組みにはいくつかの課題もある．1 つ目は，認証されたパーム油をどのように流通させるかという点である．現在，流通方法としては以下の 4 種類が考えられている．① Identity Preserved（単一の認証農園から認証パーム油を消費者に販売する方法），② Segregation（複数の認証農園から認証パーム油を消費者に販売する方法），③ Mass Balance（認証パーム油と非認証パーム油の混合した油を「何％認証オイル使用」として販売する方法），④ Book and Claim（非認証パーム油を販売するが，認証農園が発行するクレジットを買い取ることで，販売する商品に持続可能性を示す証書を付けることが出来る）．しかし，現在の制度では，Segregation であっても，全体の 25％ まで非認証パーム油を混合させることが可能となっていることに加え，Mass Balance においては，まったく認証パーム油が含まれない場合もあり得る（*Financial Times*: May 30, 2011）．また，認証農園からのクレジットの取得についても，1 トン当たり 3 ドルから 8 ドルで取引されているに過ぎず，パーム油自体が 1,100 ドルで取引されていることを考えれば，農家に認証パーム油を生産させるインセンティブになりにくいのではないかとの指摘もある．RSPO としては，過度に厳しい基準を設定してしまうと，認証制度に参加する企業がなくなってしまうのではないかとの危惧があり，あくまで一時的な措置であるとしているが，認証制度の信頼性を高めるためにも，さらなる改定が必要であろう．

2 つ目は，途上国・新興国へのパーム油輸出への対応である．環境意識の高い欧州や米国の消費者向けに商品を販売している企業にとっては，認証パーム油を使用していることが企業価値の向上につながることが想定されるが，所得が高くない消費者を多く抱える国，たとえばインドや中国などでは，価

格が安いということが最優先され，環境に配慮しているけれども価格が高い商品の需要は少ない．インドと中国だけで世界のパーム油消費の3割近くを占めていることを考えれば，これらの国々をどのようにRSPOの枠組みに取り込むかが重要な課題であろう．

3つ目は，RSPOの認証制度の運用についてである．第5章で示したように，RSPOによって認証を受けた農園企業が，地域住民の同意を得ることなくアブラヤシ農園開発を進めており，土地を奪われた住民がRSPOや政府に抗議文書を提出するに至っている．認証制度に違反した企業に対する対応について，人員・資金面を含めた組織的な強化が求められる．

まとめ

本章では，アブラヤシ農園開発のもたらす環境問題について論じた．2001年の地方分権改革によって地域開発の権限を付与された地方自治体は，農園開発をはじめとした天然資源開発を地域開発の柱として積極的に推進してきている．その結果，森林地帯は急速に失われてきており，地域の自然環境や生態系の劣化が進んでいる．近年では，内陸部の森林開発余地が少なくなってきたことから，スマトラ島やカリマンタン島沿岸部に広く存在する泥炭地にまで開発が及んでおり，泥炭地の開発によって土壌に含まれる二酸化炭素が大気中へと放出されることで地球温暖化が促進されると懸念されており，また，泥炭地の森林火災による大気汚染が付近の住民だけでなくシンガポールやマレーシアの住民に対しても健康被害をもたらしている．こうした状況を前に，企業やNGOはRSPOを立ち上げ，アブラヤシ農園開発が引き起こす環境問題・社会問題に対して様々な取り組みを行っている．

アブラヤシ農園開発と環境保全との両立を目指し，産業界からNGOまで広く関係者を巻き込み，農園開発が環境に与える影響を社会に伝えるという意味においてRSPOの果たす意義は大きく，今後もさらなる活動の展開が期待される．一方で，どれだけ環境の持続可能性に配慮したパーム油生産と

いっても，大規模な森林地帯が生物多様性の低いモノカルチャーであるプランテーション化することの意味についてはこれからも追求されなければならず，依然としてRSPOには重い課題が突きつけられていると言えよう．しかし，この問題については，ひとりRSPOだけでなく，パーム油のみならずその他のプランテーション作物を利用する消費者が，現代社会の生産と消費が地球環境にどのような影響を与えているのかについて根本的な問いを発し続ける必要があるだろう．

注
1) インドネシアの地方分権改革については数多くの研究がなされているが，財政面に焦点を当てた研究としては，Lewis (2005), Alisjahbana (2005), 賴 (2011) などがある．
2) 2004年新地方自治法（第32号法）で「その他」の項目も地方に移管されることになった．
3) 2004年新中央地方財政均衡法（第33号法）で2008年から同26%が地方へ割り当てられることになった．
4) 地方分権改革後の天然資源開発については，Fox, et al. (2005), Arnold (2008), 小島 (2008) が自治体の資源開発政策について論じているほか，Palmer and Engel (2007) が東カリマンタン州の60カ所の地域コミュニティーの森林資源管理の変化について分析を行っている．
5) 東カリマンタン州地域開発計画委員会の資料に基づく（2005年9月26日入手）．また，東カリマンタン州は1.5億トンの石炭埋蔵量を誇る，国内有数の石炭産出地域であり，クタイ・クルタネガラ県では，687カ所124万ヘクタールの採掘許可証を発行しており，クルタイ・バラット県とサマリンダ市でもそれぞれ40万ヘクタールと3万ヘクタールの許可証の発行が行われている．クタイ・クルタネガラ県が許可した採掘のなかには，保護区に指定されているブキット・スハルト国立公園内で操業している企業もある（*TEMPO*: April 13, 2010）．
6) アカシア・プランテーションでは，APP社とAPRIL社が大規模な農園を保有しており，森林の生態系に及ぼす影響について，NGOから批判の声が上がっている．
7) 1985年には1,000頭以上のスマトラゾウがいたと推定されるが，2007年の林業省の調査では，200頭前後にまで減少していると考えられている（Uryu, et al. 2008: 39）．
8) BS世界のドキュメンタリー「アリに魅せられて　ボルネオ女性学者が見つめる熱帯雨林」（2010年10月10日放送）．土地の乾燥化に加え，アブラヤシ生産に

おいて散布される農薬も，アリの生態に影響を与えている．
9) *The Jakarta Post*: March 15, 2008. 筆者が調査のためにプカンバルーに滞在していた際（2008年9月15日）も，河川の増水による洪水が発生し，多くの人々がテントでの避難生活をしている現場に遭遇した．
10) インドネシアの環境 NGO である WALHI（リアウ事務所）へのヒアリングにもとづく（2008年9月16日）．
11) スハルト大統領は1995年に，中部カリマンタン州南部の泥炭地140万ヘクタールを米作地帯へと転換させる方針を示した．総事業費は20〜30億ドルに上り，総延長917キロメートルと1万1,000キロメートルに及ぶ1次水路と2次水路が整備され，泥炭地からの排水作業が進められた．しかし，泥炭地のほとんどは米作に向かないことが判明し，この「メガライス・プロジェクト」は計画半ばで98年に中止されることになった（*TEMPO*: June 29, 2010）．
12) Wetlands International ウェブサイト（URL は巻末を参照）．
13) 2010年5月にインドネシア政府とノルウェー政府の合意により，インドネシア政府が森林および泥炭地に関係する温室効果ガス排出量を削減するために対策を講じる代わりに，ノルウェー政府が今後数年間にわたって10億ドルの資金提供を行うこととなった（ノルウェー首相府プレスリリース2010年5月26日）．これは，途上国における森林減少・劣化に由来する排出の削減を目指す REDD（Reduced Emission from Deforestation and Forest Degradation in developing countries）プログラムの一環であり，この枠組みのもとで，インドネシア政府は国内の天然林と泥炭地のプランテーション開発に対する新規承認を2年間にわたって凍結し，ノルウェー政府は保全される分の CO_2 排出権を取得することになる．

終章
資源依存型開発を越えて

　本書では，インドネシアで実施された経済構造改革が農業部門に与えた影響について分析を行ったが，総括として，次の3点を指摘できよう．

　1つ目に，緊縮財政や貿易の自由化といった自由主義的な構造改革によってコメの生産から輸出用作物の生産に農業政策の重点が移ってきている．

　1970年代前半から，コメ増産を最優先課題に掲げるスハルト大統領のもとで，米価安定政策，灌漑施設の整備，農業補助金の供与，新たな品種の開発，営農指導の普及などが行われ，これらの取り組みは84年にコメ自給の達成に結実した．しかし，コメ自給達成後は，過剰生産されたコメの保管にかかる財政負担の問題が表面化し，構造調整政策のなかでコメ自給政策はコメ趨勢自給政策へと移行し，コメ調達活動の縮小や灌漑投資の削減が実施されていった．98年の経済危機以降に実施されたIMFプログラムでは，インフレ抑制と財政赤字の削減を目的とする緊縮財政のなかで，BULOGによるコメ調達活動を支えてきた中央銀行のKLBI融資が廃止され，政府による機動的なコメ調達活動に支障が出ることになった．80年代後半以降，灌漑政策では水利組合の整備が中心に行われてきているが，トップダウンで組織された水利組合はうまく機能せず，灌漑設備の老朽化が進んでいる．さらに，中部ジャワ州クラテン県では，多国籍飲料水企業の進出によって，農家の灌漑利用が制限される事態が発生している．

　コメ政策が縮小する一方で，パーム油を中心とした輸出用作物の生産に向けた政策が前面に押し出され，農園部門への民間企業の参入を促すための中核農園システムの実施や中核農園企業への低利融資，さらに経済危機以降で

は，農園部門への外国資本参入の規制撤廃や CPO の輸出関税の削減が実施された．東アジア域内の貿易の自由化が進み，また，中国が製造業の基地として世界中から投資を引きつけるなか，インドネシアは天然資源に依存した開発を進めており，輸出用作物であるプランテーション開発は促進されている．

ところで，2000 年代以降のコメ政策を振り返ると，1999 年から実施されたコメ輸入の自由化政策が軌道修正され，2000 年からはコメの輸入に 30% の関税がかけられることになり，2004 年からはコメ輸入は原則的に禁止されている．この結果，生産者米価は上昇し，コメの生産量も増えてきており，BULOG によるコメ輸出や軍，警察，公務員へのコメ支給の復活も議論されるようになっているほか，政府は 2011 年に策定した 2025 年までの経済開発計画において，インドネシアをグローバルな食糧安全保障の基地とすることを目標とし，コメ生産を積極化させる姿勢を見せている．インドネシア国内で食の多様化が進み，コメ消費が伸び悩んでいるものの，新興国・途上国，特に多くの貧困人口を抱えるアフリカの発展に伴い，世界的に基礎的食糧の消費が伸びることが予想されており，政府にとってコメの生産・輸出が魅力を増している．

世界的な食糧問題への関心の高まりに加え，2004 年から直接投票による大統領選挙が実施されることになり，政府は農村での票の獲得を目的として新たな形でコメ政策を進めざるを得なくなっていることもコメ政策の修正をもたらしていると考えられるが，それでも，かつてのように再びコメ生産に政府が積極的に取り組んでいるとは断言できない．政府の方針では，新たなコメ増産計画はこれまで開発の手が入ってこなかったインドネシア東部のパプア地域において資本集約的な大規模農園方式で行われることになっており，また，その内容も，財政事情の制約を受けながら，水や肥料の投入が少なくてすむ，したがって財政負担が軽い，高収量品種の開発やコメの集約栽培の普及などへと傾斜してきていると考えられ，小農の育成を通じたコメ増産が行われるかどうかは不透明である．

終章　資源依存型開発を越えて

2つ目に，農業部門の輸出指向化と同時にアグリビジネス改革が積極的に推進され，国内の大規模農園企業や多国籍アグリビジネス企業によるパーム油関連事業の拡大が進んでいる．

農業部門が輸出指向化を強めるなかで，1989年の第5次5カ年計画以降，農業開発におけるアグリビジネスの重要性が高まり，民間企業主体の農園開発が展開していくことになった．とくに，食用油から石けん，バイオ・ディーゼルまで幅広い加工用途をもつパーム油の需要が拡大し，その原料であるアブラヤシの生産が国内外の大規模農園企業によって担われている．

アブラヤシは，収穫してからすぐに搾油しなければならないため，保存が利かず，小農は，搾油工場を持つ農園企業が提示してくるアブラヤシ買取価格を受け入れざるを得ないが，その一方で農園企業は低コストのアブラヤシの調達により，大きな利益を上げている．アブラヤシ農園開発を主導してきた国内の大規模農園企業の所有者は，アストラ，バクリー，ラジャ・ガルーダ・マス，サリム，シナール・マスといった，スハルト大統領の取り巻きであり，ビジネスにおいて政府から特権的な地位を与えられてきた国内の有力資本家である．これら有力資本家は，経済危機によって中核的な事業や資産を政府に没収され，大きな打撃を受けたと見られていたが，アブラヤシ農園開発を突破口に，さらなる事業展開をおこなっており，国内の高額所得番付では常に上位につけている．

ロビソン＝ハディズやチュアは，経済危機後の自由主義的な構造改革は自由な市場と民主主義を基礎にした社会を生み出したわけではなく，スハルト時代のオリガーキーと国家との権力関係の再編成を通じて，新たな形でオリガーキーによって寡頭支配された社会を生み出したにすぎないと論じているが，農業部門のアグリビジネス化によって進められてきたアブラヤシ農園開発はオリガーキーの寡頭支配を文字通り根元から支えていると言えよう．

また，インドネシア国内で生産されたパーム油はその大部分が国内で加工されずに，輸出に回っていることも明らかにしたが，これには，マレーシアをはじめとした多国籍アグリビジネス企業の原料調達戦略が深く関わってい

る．マレーシアの IOI, FELDA, サイム・ダービー, KL クポン，ウィルマーや，アメリカのカーギル，ADM は大規模なパーム油精製・加工施設をもち，近年ではさらに，企業の吸収合併による精製・加工部門の集約化が進んでいる．構造改革によってインドネシア経済のグローバリゼーションへの統合が図られるなか，インドネシア国内で生産された低付加価値のままの CPO はこうした巨大資本によって買い取られ，世界に展開する自社の工場へと運ばれている．

民間企業主導の経済開発を目的とする構造改革のなかで積極的に推進されてきたアグリビジネス改革であるが，パーム油生産においては，国内の有力資本家による農園保有の寡占化を生み出し，また，多国籍アグリビジネス企業による世界的な原料調達戦略への垂直的な統合をもたらした．GVC 論によって，一次産品開発であっても途上国側に発展の可能性が見いだせるようになったが，工業化された農業と呼べるパーム油生産については，資本力・技術力に優位を持つ大企業が商品連鎖を支配する構図が出き上がり，小農のなかには豊かになった者もいるが，全体としては大企業に対して従属的な地位に留め置かれていると言えよう．

ハーヴェイは，1970 年代から世界で進められてきた市場重視の経済理論を新自由主義として把握し，新自由主義は，国際資本主義を再編するという理論的企図を実現するためのユートピア的プロジェクトとしてよりは，資本蓄積のための条件を再構築し，国内資本や多国籍資本といった経済エリートの権力を回復するための政治的プロジェクトとして解釈できると述べている（Harvey 2005: 32）が，本書で分析をしてきたインドネシアにおける経済危機後の自由主義的な経済構造改革は，この意味において新自由主義的な改革であったと言えるのではないか．

途上国をはじめ世界中で行われている経済構造改革の目的は，市場原理の活用による資源配分の効率化や自由市場にもとづく民主的な社会の構築などであり，この目的自体は支持されるべきである．しかし，現実の社会において存在する政治的・社会的・経済的権力関係の改革なしに市場原理の導入だ

けを進めても，必ずしも目的通りの結果がもたらされないばかりか，かえって一握りの企業による独占・寡占状態の進行や，それによる大企業と小規模生産者・消費者の間の不公正な価格形成構造の強化をまねき，市場メカニズムの機能不全という逆説的な結果が生みだされてしまう場合がある．農業経営へのアグリビジネス手法の導入は，農民の所得と生活水準を向上させることを目的としていたが，大規模農園企業や多国籍アグリビジネス企業と小規模農家との実際の力関係が温存されたままであったために，前者の資本蓄積の手段としての側面が強まったことがその証左である．

IMF・世銀による経済構造改革に対しては，政策パッケージが「画一的」であるとか，改革の進め方が「急進的」であるといった批判があるが，本書を踏まえれば，こうしたことに加え，市場メカニズムを健全に機能させるために必要な様々な制度的要因（本論文では，大企業と生産者・消費者との権力関係）を明らかにした上で構造改革を行う必要があると言えよう．

3つ目は，アブラヤシ農園開発による地域社会と環境への影響である．アブラヤシ果房の買取価格は国際的な原油価格に連動して不安定に推移し，小農の所得は安定的ではなく，国際市場の動向次第で地域経済が崩壊しかねない状態にある．また，アブラヤシ生産では，肥料の投入や農薬の散布，高品質の種苗といった，投入財の調達が決定的に大きな意味を持っており，このアブラヤシ生産が持つ素材的な特徴により，小農は借金をして生産を行わなければならず，返済が滞る場合は土地を手放す場合もあり，地域内に土地持ち層と土地無し層との分化が進行することになる．さらに，収穫作業は定期的に行われるに過ぎず，小農のなかには，農園の世話を労働者に任せ，都市部に移住する者もおり，不在地主化が起きやすい．かつて存在していた地域内の連帯や文化的な営みは急速に失われてきている．

また，アブラヤシ農園開発は，深刻な環境問題を引き起こしており，天然林の伐採による生態系の破壊や土砂の河川への流入が引き起こす洪水被害，泥炭地の開発による温室効果ガスの排出や森林火災による煙害などが自然環境の維持可能性に影を落としている．2008年の世界金融危機の際には，米

国の金融当局関係者が「津波」という予測不能な自然現象で危機を例え，2011年3月にフクシマで起きた原発事故では，電力会社は「想定外」という言葉で事故を表現したが，こうした危機の可能性を事前に指摘し，警鐘を鳴らしてきた人々もいたはずである．もはや「想定外」という言葉が通用しなくなっている社会にあって，アブラヤシ農園開発が引き起こしている環境問題に生産者および消費者が正面から向き合うことが求められている．

これら社会・環境への影響も踏まえれば，アブラヤシ農園開発は国際価格の上昇による一時的な成長促進効果があったとしても，長期的に見れば，インドネシア社会の持続的な発展の可能性を狭めているとも言えるだろう．こうした開発のあり方に対して，地域住民や地元NGOの活動をきっかけとして，世界中の市民に広く問題意識が共有され始めており，地域の連帯や文化的な営み，自然環境の維持・再生を基にし，地方自治に根ざした地域の内発的発展により従来の外来型開発の弊害を克服していくことが中長期的な地域の発展を展望する上で重要である．

なお，本書の執筆中にも，インドネシア農業を取り巻く環境に大きな変化が起きており，政府によるコメの大規模プランテーション開発の計画や，多国籍企業に従属していると見られる国内資本のパーム油加工業への参入，アブラヤシ農民の運動といった，本書では触れることが出来なかった新しい状況が生まれており，これらは今後の研究課題としたい．

19世紀なかば，東インド植民地政府のオランダ人官吏であったムルタトゥーリ（本名：エドゥアルト・ダウエス・デッケル）は，当時の植民地政府が導入した強制栽培制度のもとで，植民地政府と地方首長によって東インドの農民が受けた支配について以下のように告発している．

　　「かくして，貧しいジャワ人は，紛れもなく二重の権力によって鞭打たれ続ける．紛れもなく自分の水田から引き離される．その結果，間違いなく，しばしば飢饉に見舞われる…だがバタヴィア，スマラン，スラ

バヤ，パスルアン，ブスキ，プロボリンゴ，パチタン，チラチャップといったジャワの港では，オランダの富の源泉になる農産物を積んだ船の旗が甲板に楽しげに翻っている．

　飢饉…？　豊かにしてかつ肥沃なジャワで飢饉？　そう，読者諸君，わずかな歳月のうちに全ての地方が飢饉に襲われ，…母は子どもを売ってでも食べ物をと思い，…そう，母が子を食べてしまった…（ムルタトゥーリ，『マックス・ハーフェラール　もしくはオランダ商事会社のコーヒー競売』：104）」

　当時のオランダは広大な植民地を支配下に置き，植民地から生み出される富によって本国の財政収入の多くがまかなわれていた．東インドで実施された強制栽培制度は，農民にたいして，彼らの食糧生産に代えて，コーヒーや砂糖，茶，藍，たばこなどヨーロッパで人気のあった商品を強制的に栽培させ，それらを輸出することを目的としており，その売上げは財政難にあえぐ本国の財政に大きく貢献した．

　現代では，当時のような先住民や苦力（クーリー）などの奴隷を利用したプランテーション栽培が表だって行われているわけではないし，また，政府のコメ備蓄がなされていることから，大規模な飢饉も発生しない．そして，植民地からの独立とその後のグローバリゼーションの進展によって，農産物輸出の主体は植民地政府ではなく，国内の農園企業や多国籍企業へと変わっている．

　しかし，インドネシア（東インド）がグローバリゼーション（植民地主義）に統合されるなかで，輸出用作物の生産が奨励され，農民との権力的な関係を基礎にしつつ，国内外の大企業（植民地政府）が莫大な利益を上げていることには変わりがないのではないだろうか．

参考文献

外国語文献

Ahmad, E. and R. Krelove, 'Tax Assignment: Options for Indonesia', paper presented at the seminar on Indonesian decentralization and its management, IMF, Jakarta, 2000.

Al'Afghani, Mohamad Mova, 'Constitutional Court's Review and the Future of Water Law in Indonesia', *Law, Environment and Development Journal* 2(1) 2006 (available at http://www.lead-journal.org/content/06001.pdf).

Alessi, L.D, 'Property Rights and Privatization', *Proceedings of the Academy of Political Science*, 36(3): 24-35, 1987.

Alisjahbana, Armida S., 'Does Indonesia have the Balance Right in Natural Resource Revenue Sharing?', Budy P. Resosudarmo, ed., *The Politics and Economics of Indonesia's Natural resources*, Institute of Southeast Asian Studies, Singapore: 109-142, 2005.

Amang, Beddu, 'The Creation and Importance of Rice Price Stability', *Indonesian Food Journal*, 4(8): 34-47, 1993.

Arifin, Bustanul, Achmad Munir, Enny Sri Hartani and Didik J. Rachbini, *Food Security and Markets in Indonesia: State-Private Interaction in Rice Trade*, MODE, Inc. and Kuala Lumpur: Southeast Asia Council for Food Security and Fair Trade, Manila, 2001.

Arnold, Luke Lazarus, 'Deforestation in Decentralised Indonesia: What's Law Got to Do with It?', *Law, Environment and Development Journal*, 4(2): 75-102, 2008 (http://www.lead-journal.org/content/08075.pdf).

Arrighi, Giovanni and Jessica Drangel, 'The Stratification of the World-Economy: An Exploration of the Semiperipheral Zone', *Review*, 10(1), 1986.（尹春志訳「世界―経済の階層化：半周辺圏の探求」『世界システム論の方法』藤原書店　2002年）

Asher, Mukul G., 'Reforming the tax system in Indonesia.' Thirsk, W. ed. *Tax Reform in Developing Countries*, Washington DC: The World Bank: 127-166, 1997.

Aswicahyono, Haryo, Hal Hill and Dionisius Narjoko, 'Industrialization after a Deep Economic Crisis: Indonesia', *Journal of Development Studies*, 46(6): 1084-1108, 2010.

Bappenas, Department Pertanian, USAID and DAI Food Policy Advisory Team, *Food Security in an Era of Decentralization: Historical Lessons and Policy Implications for Indonesia*, Indonesian Food Policy Program Working Paper No. 7 (www.macrofoodpolicy.com), 2002.

Bappenas, USAID and DAI Food Policy Advisory Team, *Rice Floor Price Policy*, Indonesian Food Policy Program Policy Brief No. 6 (www.macrofoodpolicy.com), 2000.

Barlow, Maude and Tony Clarke, *Blue Gold*, Stoddart Publishing: Toronto, 2002. (鈴木主税訳『「水」戦争の世紀』集英社新書, 2003年)

Basri, M. Chatib, 'Ten Years after Crisis: Are We Wiser?', *Economic and Finance in Indonesia*, 55(3): 285-288, 2007.

Boyd, Richard and Tak-Wing Ngo, ed., *Asian States: Beyond the developmental perspective*, New York: Routledge, 2005.

Bruns, Bryan, 'From Voice to Empowerment: Rerouting Irrigation Reform in Indonesia', P. Mollinga and A. Bolding, ed., *The Politics of Irrigation Reform Contested Policy Formulation and Implementation in Asia, Africa and Latin America*, Ashgate Publishing Ltd.: 145-165, 2004

Casson, Anne, *The Hesitant Boom: Indonesia's Oil Palm Sub-Sector in an Era of Economic Crisis and Political Change*, Center for International Forestry Research, 2000.

Chua, Christian, *Chinese big business in Indonesia: the state of capital*, Routledge, 2008.

Colchester, Marcus, Norman Jiwan, Andiko, Martua Sirait, Asep Yunan Firdaus, A. Surambo and Herbert Pane, *Promised Land Palm Oil and Land Acquisition in Indonesia*, Forest People Programmes & Sawit Watch, Jakarta, 2006.

Cole, David and Betty Slade, *Building a modern financial system: The Indonesian experience*, Cambridge University Press, 1996.

Conroy, John D., 'Indonesia', John Conroy and Paul Mcguire ed., *The Role of Central Banks in Microfinance in Asia and the Pacific: Vol. 2 Country Studies*, Asian Development Bank, Manila, 2000.

Coxhead, Ian, 'A New Resources Curse? Impacts of China's Boom on Comparative Advantage and Resource Dependence in Southeast Asia', *World Development*, 35(7): 1099-1119, 2007.

Dawe, David, 'Macroeconomic Benefits of Food Price Stabilization', *Indonesian Food Journal*, 6(11): 43-64, 1995.

Djiwandono, J. Soedradjad, *Bank Indonesia and The Crisis: An Insider's View*, Institute of Southeast Asian Studies, Singapore, 2005.

Fox, James J., Dedi Supriadi Adhuri and Ida Aju Pradnja Resosudarmo, 'Unfinished edifice or pandora's box?: Decentralization and resource management in Indonesia', Budy P. Resosudarmo, ed., *The politics and economics of Indonesia's natural resources*, Institute of Southeast Asian Studies: 92-108, 2005.

Friedmann, Harriet, 'The Political Economy of Food: A Global Crisis', *New Left Review*, 197, 1993. (渡辺雅男・記田路子訳『フード・レジーム　食料の政治経済学』こぶし書房，第Ⅰ論文，2006年)

Frynas, Jedrzej George, Kamel Mellahi and Geoffrey Allen Pigman, 'First mover advantages in international business and firm-specific political resources' *Strategic Management Journal*, 27: 321-45, 2006

Gerard, Francoise and Francois Ruf, *Agriculture in Crisis: People, Commodities and Natural Resources in Indonesia, 1996-2000*, Curzon Press, 2001.

Gereffi, Gary, John Humphrey, and Timothy Sturgeon, 'The governance of global value chains', *Review of International Political Economy*, 12(1): 78-104, 2005.

Gillis, Malcolm, 'Tax Reform and the Value-Added Tax: Indonesia', M. Boskin and C. Mclure Jr. ed., *World Tax Reform: Case Studies of Developed and Developing Countries*, ICS Press: 227-250, 1990.

Goldstein, Andrea, *Multinational companies from emerging economies: composition, conceptualization and direction in the global economy*, London: Palgrave Macmillan, 2007.

Hanani, Alberto, 'Indonesian Business Groups: The Crisis in Progress', Se-Jin Chang, eds., *Business Groups in East Asia: Financial Crisis, Restructuring, And New Growth*, Oxford: Oxford University Press: 179-204, 2006.

Harsono, A., 'Water and Politics in the Fall of Suharto' ICIJ (International Consortium of Investigative Journalists) ed., *The Water Barons: How a few powerful companies are privatizing water*, The Center for Public Integrity, 2003.

Harvey, David, *A Brief History of Neoliberalism*, Oxford University Press, 2005. (渡辺治監訳『新自由主義　その歴史的展開と現在』作品社，2007年)

Hartemink, Alfred E., 'Plantation agriculture in the tropics: environmental issues', *Outlook on Agriculture*, 34(1): 11-21, 2005.

Hill, Hal, *The Indonesian Economy: second edition*, Cambridge University Press, 2000.

―――, 'The Indonesian Economy: Growth, Crisis and Recovery', *The Singapore Economic Review*, 52(2): 137-166, 2007.

Hoshour, Cathy A., 'Resettlement and the Politicization of Ethnicity in Indonesia' *Bijdragen tot de Taal-, Land- en Volkenkunde*, 153(4): 557-576, 1997.

Ikhsan, Mohamad, 'Rice Price Adjustment and its Impact to the Poor', *Ekonomi dan Keuangan Indonesia*, 53(1): 61-96, 2005.

Irwan, Alexander 'Institutions, Discourses, and Conflicts in Economic Thought', V.

R. Hadiz and D. Dhakidae, ed., *Social Science and Power in Indonesia*: 31-56, Equinox Publishing, 2005.

Jaffe, Steven, *Exporting High-Value Food Commodities: Success Stories from Developing Countries*, World Bank Discussion Papers, 1992.

Jelsma, Idsert, Ken Giller and Thomas Fairhurst, *Smallholder Oil Palm Production Systems in Indonesia: Lessons Learned from the NESP Ophir Project*, University of Wageningen, Plant Production Systems, Wageningen, 2009.

Kalkman, Ewout, Sietske Trompert and Rogier Strijbos, *Palm Oil and Rice Residuals Indonesia & Malaysia*, Port of Rotterdam, 2009 (http://www.mvo.nl/Portals/0/duurzaamheid/biobrandstoffen/nieuws/2009/07/200906%20-%20palm%20oil%20residuals%20eindrapport.pdf).

Kurnia, Ganjar, Teten Avianto and Bryan Bruns, 'Farmers, factories and the dynamics of water allocation in West Java', B. Bruns and R. Meinzen-Dick ed., *Negotiating water rights*: 292-314, ITDG Publishing, 2000.

Larson, Donald, *Indonesia's Palm Oil Subsector*, World Bank Policy Research Working Paper, 1996.

Lewis, Blane D., 'Indonesian Local Government Spending, Taxing and Saving: An Explanation of Pre- and Post-decentralization Fiscal Outcomes', *Asian Economic Journal*, 19(3): 291-317, 2005.

Lindblad, J. Thomas, 'The late colonial state and economic expansion, 1900-1930s', H. Dick et al., *The Emergence of a National Economy: An Economic History of Indonesia, 1800-2000*: 111-152, Allen & Unwin, 2002.

Magdoff, Fred, Bellamy Foster and Frederick Buttel, *Hungry for Profit: The Agribusiness Threat to Farmers, Food and the Environment*, Monthly Review Press, 2000. (中野一新監訳『利潤への渇望――アグリビジネスは農民・食料・環境を脅かす』大月書店, 2004年)

McCarthy, John F., 'Processes of inclusion and adverse incorporation: oil palm and agrarian change in Sumatra, Indonesia', *The Journal of Peasant Studies*, 37(4): 821-850, 2010.

Marti, Serge, *Losing Ground: The human rights impacts of oil palm plantation expansion in Indonesia*, Friends of the Earth, LifeMosaic and Sawit Watch (http://www.foe.co.uk/resource/reports/losingground-summary.pdf) 2008.

Martin, Susan M., *Palm Oil and Protest: An economic history of the Ngwa Region, South-Eastern Nigeria, 1800-1980*, Cambridge: Cambridge University Press; 1988.

Moore, Mick, 'The Fruits and Fallacies of Neoliberalism: The Case of Irrigation Policy', *World Development*, 17(11): 1733-1750. 1989.

Morton, Adam David, 'New follies on the state of globalization debate?', *Review of*

International Studies, 30: 133-147, 2004.

Myrdal Gunnar, *Asian Drama: an inquiry into the poverty of nations*, New York : Pantheon Books, 1971.（板垣與一監訳『アジアのドラマ：上 縮刷版』東洋経済新報社，1974 年）

Palmer, Charles and Stefanie Engel, 'For better or for worse?: local impacts of the decentralization of Indonesia's forest sector', *World development*, 35(12): 2131-2149, 2007.

Parker, Shaun, Sahat Pasaribu and Stephen DeMeulenaere, 'A Rapid Assessment of Microcredit Schemes available to Smallholder Farmers and Fishermen', AMARTA (http://www.amarta.net/amarta/ConsultancyReport/EN/AMARTA%20Value%20Chain%20Assessment%20Microedit.pdf), 2008.

Patel-Campillo, Anouk, 'Rival commodity chains: Agency and regulation in the US and Colombian cut flower agro-industries', *Review of International Political Economy*, 17(1): 75-102, 2010.

Potter, Lesley., 'Oil palm and resistance in West Kalimantan, Indonesia', D. Caouette and S. Turner ed., *Agrarian Angst and Rural Resistance in Contemporary Southeast Asia*: 105-134, London and New York, Routledge ISS Studies in Rural Livelihoods, 2009.

Rai, Shunsuke, 'Agribusiness development and palm oil sector in Indonesia', *Economia* 61(1): 45-59, 2010.

Ramamurti, Ravi and Jitendra V. Singh ed., *Emerging Multinationals from Emerging Markets*, Cambridge: Cambridge University Press, 2009.

Raynal, Guillaume-Thomas, *Histoire philosophique et politique des Etablissemens et du Commerce des Europeens dans les deux Indes,* 1780.（大津真作訳『両インド史：東インド篇上巻』法政大学出版局，2009 年）

Repetto, Robert, *Skimming the Water: Rent-Seeking and the Performance of Public Irrigation Systems*, Research Report 4, World Resources Institute, 1986.

Richardson, Ben, *Sugar: Refined Power in a Global Regime*. London: Palgrave MacMillan, 2009.

Robison, Richard, *Indonesia: The Rise of Capital*, Allen & Unwin Pty Ltd, 1986.（木村宏恒訳『インドネシア：政治・経済体制の分析』三一書房，1987 年）

Robison, Richard and Vedi R. Hadiz, *Reorganising Power in Indonesia: The politics of oligarchy in an age of markets*, Routledge Curzon, 2004.

Rosser, Andrew, *The Politics of Economic Liberalization in Indonesia*, Curzon, 2002.

Schneider, Ben Ross, 'A comparative political economy of diversified business group, or how states organize big business', *Review of International Political Economy* 16(2): 178-201, 2009.

Sheil, Douglas, Anne Casson, Erik Meijaard, Meine van Nordwijk, Joanne Gaskell,

Jacqui Sunderland-Groves, Karah Wertz and Markku Kanninen, *The impacts and opportunities of oil palm in Southeast Asia: What do we know and what do we need to know?*, Occasional paper 51, CIFOR, Bogor, Indonesia, 2009.

Simpson, Bradley, *Economist with Guns: Authoritarian Development and U.S.-Indonesian Relations, 1960-1968*, Stanford University Press, 2008.

Smith, Adam, *An Inquiry into The Nature and Causes of The Wealth of Nations*, 1791.（山岡洋一訳『国富論：国の豊かさの本質と原因についての研究　下巻』日本経済新聞出版社, 2007年）

Soemardjan, Selo and Kennon Breazeale, *Cultural Change in Rural Indonesia, Impact of Village Development*, Yayasan Ilmu-Ilmu Sosial, 1993.（中村光男監訳『インドネシア農村社会の変容：スハルト村落開発政策の光と影』明石書店, 2000年）

Stuiveling, Garmt, *Max Havelaar: Of de Koffij Veilingen der Nederlandsche Handelmaatschappij*, G.A. Van Oorschot, 1950.（佐藤弘幸訳『マックス・ハーフェラール：もしくはオランダ商事会社のコーヒー競売』めこん, 2003年）

Timmer, Peter, 'Does Bulog Stabilise Rice Prices in Indonesia? Should It Try?', *Bulletin of Indonesian Economic Studies* 32(2): 45-74, 1996.

―――, 'Food Security and Economic Growth: an Asian perspective', *Asian Pacific Economic Literature* 19(1): 1-17, 2005.

Timmer, Peter, Walter Falcon and Scott Pearson, *Food policy analysis*, Baltimore: Johns Hopkins University Press for the World Bank, 1983.

Tsuru, Shigeto, *Institutional Economics Revisited*, Cambridge: Press Syndicate of the University of Cambridge, 1993（中村達也・永井進・渡会勝義訳『制度派経済学の再検討』岩波書店, 1999年）.

Uryu, Y., et al, 'Deforestation, Forest Degradation, Biodiversity Loss and CO_2 Emissions in Riau, Sumatra, Indonesia', WWF Indonesia Technical Report, Jakarta, Indonesia, 2008.

Vries, Jan de and Ad van der Woude, *The First Modern Economy, Success, Failure, and perseverance of the Dutch economy: 1500-1815*, Cambridge University Press, 1997.（大西吉之・杉浦未樹訳『最初の近代経済　オランダ経済の成功・失敗と持続力：1500-1815』名古屋大学出版会, 2009年）

White, Julia and Ben White, 'The gendered politics of dispossession: oil palm expansion in a Dayak Hibun community in West Kalimantan, Indonesia', Paper presented at the International Conference on Global Land Grabbing 6-8 April 2011.

Wilder, Margaret and Patricia R. Lankao, 'Paradoxes of Decentralization: Water Reform and Social Implications in Mexico', *World Development* 34(11): 1977-1995, 2006.

World Bank, *Indonesia Transmigration Program: Review of Five Bank-Supported Projects*, 1994.

――――, *Indonesia Public Expenditure Review: The Budget, Off-Budget Items, State-Owned Enterprises*, Report No. 18691-IND, 1998.

Zen, Zahari, John McCarthy, and Piers Gillespie, 'Linking pro-poor policy and oil palm cultivation', The Australian National University. Australia Indonesia Governance Research Partnership, Crawford School of Economics and Government, College of Asia and the Pacific (http://www.aigrp.anu.edu.au/docs/projects/1018/mccarthy_brief.pdf) 2008.

日本語文献

飯田敬輔『国際政治経済』東京大学出版会, 2007 年.

石田正美「工業化の軌跡」, 佐藤百合編『民主化時代のインドネシア：政治経済変動と制度改革』アジア経済研究所：295-356, 2002 年.

岩佐和幸『マレーシアにおける農業開発とアグリビジネス：輸出指向型開発の光と影』法律文化社, 2005 年.

――――「東南アジアのパーム・バイオディーゼル」, 坂内久・大江徹男編『燃料か食料か：バイオエタノールの真実』日本経済評論社：151-203, 2008 年.

梅﨑創「経済危機と中央政府債務」, 石田正美編『インドネシア再生への挑戦』アジア経済研究所：75-102, 2005 年.

絵所秀紀『開発の政治経済学』日本評論社, 1997 年.

小井川広志「グローバル・バリュー・チェーン（GVC）分析の展望：世界システム, アップグレード, ガバナンスの概念をめぐって」『經濟學研究』58(3)：99-114, 2008 年.

大海渡桂子・角川浩二・森基・佐藤多鶴子「インドネシア：パーム油サブセクター」, 『基金調査季報』65：38-66, 1990 年.

大木昌「ジャワにおける伝統水田稲作の実際-1：耕起から収穫・保存まで」『アジア経済』31(12)：57-71, 1990 年.

――――「ジャワにおける伝統水田稲作の実際-2：耕起から収穫・保存まで」『アジア経済』32(1)：53-63, 1991 年.

大崎満・岩熊敏夫編『ボルネオ：燃える大地から水の森へ』岩波書店, 2008 年.

大橋厚子「強制栽培制度」, 池端雪浦編『変わる東南アジア史像』山川出版社：219-239, 1994 年.

岡田幸江「アブラヤシが奪う暮らしと森～インドネシアのアブラヤシ拡大政策」, 岡本幸江編『アブラヤシ・プランテーション　開発の影　インドネシアとマレーシアで何が起こっているか』日本インドネシア NGO ネットワーク；69-80, 2002 年.

岡本正明「インドネシアにおける地方分権について：国家統合のための分権プロジェ

クトの行方」,『「地方行政と地方分権」報告書』国際協力事業団国際総合研修所:3-46, 2001年.
加納啓良『インドネシア農村経済論』勁草書房, 1988年.
――――『現代インドネシア経済史論:輸出経済と農業問題』東京大学出版会, 2004年.
記田路子「食のグローバル化に対応する米欧の農業・食糧研究:フード・レジーム論の方法論的意義」『季刊経済理論』44(3):44-54, 2007年.
小泉達治「インドネシア・マレーシアにおけるバイオディーゼル政策と生産構造についての比較・分析」,『農林水産政策研究』15: 19-40, 2009年.
小島道一「インドネシアにおける地方分権化と環境問題」, 寺尾忠能・大塚健司編『アジアにおける分権化と環境政策』アジア経済研究所研究双書: 23-46, 2008年.
小島麗逸編(小倉武一監修)『第三世界の農業政策:保護と財政』アジア経済研究所, 1988年.
小松正昭「インドネシアの金融政策, 金融部門, 金融危機」,『インドネシアの将来展望と日本の援助政策』国際金融情報センター: 147-164, 2005年.
国際協力銀行開発金融研究所『インドネシア:コメ流通の現状と課題』JBIC Research Paper Series No. 5, 1999年.
佐藤百合「インドネシアの企業セクター再編」,『アジア研究』54(2):48-70, 2008年.
サラギ, バンガラン「国家工業化戦略の刷新:経済危機打開策としてのアグリビジネス」,『国際農林業協力』22(2): 2-6, 1999年.
重冨真一編『グローバル化と途上国の小農』アジア経済研究所, 2007年.
妹尾裕彦「コーヒー危機の原因とコーヒー収入の安定・向上策をめぐる神話と現実:国際コーヒー協定(ICA)とフェア・トレードを中心に」,『千葉大学教育学部研究紀要』57: 203-228, 2009年.
高橋基樹・福井清一『経済開発論:研究と実践のフロンティア』勁草書房, 2008年.
武田美紀「金融部門の形成と構造変化」, 佐藤百合編『民主化時代のインドネシア:政治経済変動と制度改革』アジア経済研究所: 357-402, 2002年.
高安健一『アジア金融再生:危機克服の戦略と政策』勁草書房, 2005年.
辻村英之『コーヒーと南北問題:「キリマンジャロ」のフードシステム』日本経済評論社, 2004年.
鶴田廣巳「累進所得税の意義と展望」, 宮本憲一・鶴田廣巳編『所得税の理論と思想』税務経理協会: 235-279, 2001年.
中島成久『インドネシアの土地紛争:言挙げする農民たち』創成社, 2011年.
永積昭『新書東洋史7 東南アジアの歴史』講談社, 1977年.
――――『オランダ東インド会社』講談社, 2000年.
中村靖彦『ウォーター・ビジネス』岩波書店, 2004年.
林田秀樹「インドネシアにおけるアブラヤシ農園開発と労働力受容:1990年代半ば以降の全国的動向と北スマトラ・東カリマンタンの事例から」,『社会科学』79: 83-

108, 2007 年.
―――「インドネシア銀行の一次協同組合向け与信政策の変遷：農園事業振興策との関連で」,『社会科学』90：105-133, 2011 年.
藤本耕士「インドネシアの地方分権化と地方開発：地方政府における開発計画と開発予算との連携」,『国際開発学研究』10(2)：123-138, 2011 年.
本台進編『通貨危機後のインドネシア農村経済』日本評論社, 2004 年.
本名純「Column：森林破壊の政治学」, 日本環境会議「アジア環境白書」編集委員会編『アジア環境白書06/07』東洋経済新報社：252-254, 2006 年.
増田篤・大重斉「インドネシア経済：世界金融危機の波及と政策対応」,『JBIC 国際調査室報』2：79-103, 2009 年.
水野広祐「インドネシアの土地所有権と1960年農地基本法：インドネシアの土地制度とその問題点」,『国際農林業協力』10(4)：54-71, 1988 年.
―――『インドネシアの地場産業：アジア経済再生の道とは何か？』京都大学学術出版会, 1999 年.
水野正巳「インドネシアの灌漑開発における政府と農民」,『農業総合研究』47(4)：1-65, 1993 年.
三平則夫編『インドネシア　輸出主導型成長への展望』アジア経済研究所, 1990 年.
宮本憲一『環境経済学　新版』岩波書店, 2007 年.
宮本謙介『概説インドネシア経済史』有斐閣, 2003 年.
本岡武『インドネシアの米：とくにビマス計画にかんする研究』創文社, 1975 年.
山下元「IMF と資本収支危機：インドネシア, 韓国, ブラジル―IMF 独立政策評価室による評価レポートの概要」,『開発金融研究所報』21：4-48, 2004 年.
吉冨勝『アジア経済の真実』東洋経済新報社, 2003 年.
米倉等「構造調整視点から見たインドネシア農業政策の展開：80 年代中葉からの稲作と米政策を中心に」,『アジア経済』44(2)：2-39, 2003 年.
―――「BULOG 公社化の背景と特質：食糧部門における制度改革」, 佐藤百合編『インドネシアの経済再編　構造・制度・アクター』アジア経済研究所：261-294, 2004 年.
頼俊輔「インドネシアにおける緊縮財政と米価安定政策の縮小」,『横浜国際社会科学研究』12(3)：445-461, 2007 年.
―――「経済危機後のインドネシアにおける政府間財政関係：一般配分金と天然資源歳入分与の分析から」『地方財政の理論的進展と地方消費税』日本地方財政学会研究叢書 18：196-216, 2011 年.
―――「途上国の水道事業民営化：インドネシア・ジャカルタの事例から」諸富徹・沼尾波子編『水と森の財政学』：207-230, 日本経済評論社, 2012 年.
若森章孝・森岡孝二・小池渺『入門・政治経済学』ミネルヴァ書房, 2007 年.

法令・政府刊行物等

Presidential Regulation Number 7 of 2005 on the National Medium-Term Development Plan 2004-2009（インドネシア国家中期開発計画 2004-2009）.
Indonesian Agricultural Development Plan 2005-2009 (Ministry of Agriculture, 2006).
Sejarah Peranan Bank Indonesia Dalam Pengembangan Usaha Kecil (Bank Indonesia Biro Kredit, 2001).
Undang-Undang Republik Indonesia Nomor 22 Tahun 1999 tentang Pemerintahan Daerah（地方自治法）.
Undang-Undang Republik Indonesia Nomor 25 Tahun 1999 tentang Perimbangan Keuangan Antara Pemerintah Pusat dan Daerah（中央地方財政均衡法）.
Undang-Undang Republik Indonesia Nomor 34 Tahun 2000 tentang Perubahan atas Undang—Undang Republik Indonesia Nomor 18 Tahun 1997 tentang Pajak dan Retribusi Daerah（改正地方税・課徴金法）.

新聞記事
Bloomberg News 紙
Financial Times 紙
Investor Daily 紙
The Jakarta Post 紙
Reuters 紙
The Star 紙
Warta Ekonomi 紙

ウェブサイト
［官公庁など］
インドネシア財務省債務管理局 (http://www.dmo.or.id/content.php?section=94)
インドネシア中央銀行 (http://www.bi.go.id/web/id/).
　(http://www.bi.go.id/web/en/Statistik/Statistik+Ekonomi+dan+Keuangan+Indonesia/Versi+HTML/Sektor+Eksternal/, 国際収支)
インドネシア中央統計局 (http://www.bps.go.id/).
インドネシア投資調整庁 (http://www.regionalinvestment.com/sipid/id/userfiles/komoditi/2/oilpalm_kebijakannasional.pdf)
インドネシア農業省農園総局 (http://ditjenbun.deptan.go.id/cigraph/index.php/viewstat/komoditiutama)
FAOSTAT (http://faostat.fao.org/).
Human Right Watch (http://www.hrw.org/legacy/backgrounder/asia/borneo0228.htm).
IMF: The Primary Commodity Price tables (http://www.imf.org/external/np/res/

commod/index.aspx).
PriceWaterhouseCoopers (http://www.pwc.com/id/en/indonesian-pocket-tax book/assets/Indonesian-Pocket-Tax-Book_2011.pdf).
USDA PSD Online (http://www.fas.usda.gov/psdonline/psdHome.aspx).
Wetlands International (http://www.wetlands.org/News/Pressreleases/tabid/60/ArticleType/ArticleView/ArticleID/1571/PageID/1532/Default.aspx).
World Bank (http://data.worldbank.org/indicator/SI.POV.GINI).

［インドネシア企業］
Asian Agri 社 (http://www.asianagri.com/).
Astra Agro Lestari 社 (http://www.astra-agro.co.id/).
Bakrie Sumatera Plantations 社 (http://www.bakriesumatera.com/).
GAPKI (http://ww.gapki.or.id/).
IndoAgri 社 (http://www.indofoodagri.com/index.html).
Raja Garuda Mas グループ (http://www.rgmi.com/).
Sinar Mas グループ (http://www.sinarmasgroup.com/app.html).
Smart 社 (http://www.smart-tbk.com/).

［その他企業］
ADM (Archer Daniels Midland) 社 (http://www.adm.com/en-US/Pages/default.aspx).
Cargill 社 (http://www.cargill.com/).
Danone AQUA 社 (www.aqua.com).
First Resources 社 (http://www.first-resources.com/).
IOI グループ (http://www.ioigroup.com/).
KL Kepong 社 (http://www.klk.com.my/main.htm).
Sime Darby Plantations 社 (http://plantation.simedarby.com/default.aspx).
Wilmar International 社 (http://www.wilmar-international.com/index.htm).

あとがき

　2008年9月，筆者はスマトラ島中部に位置するリアウ州のアブラヤシ農園を訪ねた．まず目に飛び込んできたのは，碁盤の目のように規則正しく等間隔に植えられているアブラヤシの樹木であった．農家の主人に理由を尋ねてみると，アブラヤシの葉が隣接する樹木の葉と重ならないように規則正しく植えることで，アブラヤシの生育を促進することができるし，何より，単位面積あたりの収量を最大化することができるからだ，とのことであった．次に，実際の農園での作業を見学させてもらっていると，大量の肥料の投入が行われていることに気づく．また，場合によっては農薬を散布してアリを駆除することもあるらしい．わずかな期間で樹木が生育し，1つあたり15キロもの重さになる果房を実らせるためにはこうした投入財が欠かせないようだ．今度は，農園を離れて農家の自宅に向かっている最中，トラックの荷台に載せられて運ばれていく人々を目撃する．聞けば，大規模農園で働いている農園労働者らしい．あたかも投入財の一部として農園に「輸送」されているかのごとくに見える．
　現地調査を終え，ところどころに穴の空いたでこぼこ道に揺られ，延々と広がる農園の風景を車窓から眺めながら州都プカンバルーのホテルに戻る．部屋に入って，調査内容のおさらいをしようと荷ほどきをしていると，つけていたテレビのニュース番組から緊急速報が流れてくる．内容は米大手リーマン・ブラザーズ証券の経営破綻，世界金融危機をもたらしたリーマン・ショックの始まりである．その後の世界的な景気後退についてはここで語るまでもないが，ことの重大さをより身近に感じることになったのは，リーマン・ショックの前後，わずか数カ月で国際市場におけるパーム油価格が3分の1にまで急落したことであった．パーム油価格の低下は，そのまま，アブ

ラヤシ果房の買取価格の低下・小農の所得減少につながり，アブラヤシ生産にそのほとんどを依存している地域社会に深刻な影響が及ぶことが容易に想像できたし，実際に，果房の買取価格が低迷する一方で，肥料の支出を抑えることは出来ず，小農の農園経営は厳しい状態に追い込まれることになった．

以上は，現地調査でのひとコマであるが，現地に滞在して強く印象に残ったのは，途上国の農村地帯という牧歌的なイメージとはかけ離れた，資本の論理がすみずみにまで貫通している農園社会の姿であった．アブラヤシの生産は種苗の開発から収穫まで高度な技術管理がなされており，人間が自然の循環のなかで作物を育てるという農業の様子はそこにはなく，また，地球の裏側にある金融市場の動向によって，電気や水道も十分に供給されていないような僻地の農民の生活がジェット・コースターのような変動にさらされている．

インドネシアのみならず，途上国の農村社会は多様性に満ちており，たとえば近代化の影響が及びにくい地域の二重経済や慣習的な土地利用のあり方など，それぞれ魅力的な地域研究課題である．本書では，インドネシアの農村社会をグローバリゼーションや政府の政策動向との関係に焦点を当てて分析しており，こうした多様な農村社会の現実を踏まえれば，今後さらに方法論を磨いていかなければならないと痛感しているが，農園地域のどこにでも見られるであろう上記の風景を生み出しているグローバリゼーションの均質性が農村社会に及んでいる事実を踏まえておくことも重要であろう．

本書の初出は以下の通りで，それ以外は書き下ろしである．

第1章（第2節）：「経済危機後のインドネシアにおける政府間財政関係：一般配分金と天然資源歳入分与の分析から」，『地方財政の理論的進展と地方消費税（日本地方財政学会研究叢書18）』，2011年5月．

第2章：「インドネシアにおける緊縮財政と米価安定政策の縮小」，『横浜国際社会科学研究』第12巻第3号，2007年9月．

第4章：「Agribusiness development and palm oil sector in Indonesia」，

『エコノミア』第 61 巻第 1 号，2010 年 5 月．

　本書は，2009 年 3 月に横浜国立大学大学院国際社会科学研究科に提出した博士論文『インドネシアにおける経済危機後の経済構造改革と農業部門の輸出指向化・アグリビジネス化』を大幅に加筆・修正している．本書の執筆に際しては，多くの方々からあたたかい励ましをいただき，先生方からは，本書の分析の軸である，政治経済学，あるいは歴史や制度を重視した財政学による資本主義分析の方法についてご指導いただきました．ここに感謝の意を表したいと思います．

　指導教員の山崎圭一先生には，学部時代より現在に至るまで，途上国経済の研究，とくに公共部門を中心にした分析の方法についてご指導いただき，先生の，学問に対してエネルギッシュかつ真摯に取り組む姿勢に強く影響を受けました．今思えば，先生に勧められて読んだ島恭彦著『近世租税思想史』で経済学および財政学の面白さを知り，また，学部生の時にゼミ合宿で苫小牧東部開発のその後を見て回り，現場を歩くことの大切さを教わったことが，現在の研究の出発点になっています．

　故・金澤史男先生には，先生が主宰していた財政学の研究会や論文審査の場を通じて，多くのことを学びました．先生は，筆者の考えていることの先を瞬時に読み取り，その時々の筆者の研究状況の一歩先，二歩先を見据えた丁寧な指導をしていただき，また，自分の取り組んでいる研究に自信が持てなかった時，「君のやっている研究は前向きだ」と声をかけていただいたのをよく覚えている．本書を先生にお届け出来なかったことが悔やまれる．

　植村博恭先生は，途上国の研究に甘え，理論の分析が進んでいなかった筆者に，あくまで理論的に考えることの重要性を教えていただきました．現在でも，日本とアジア諸国との経済関係がますます緊密になってきているなかにあって，アジア資本主義全体をどのように理解するか，先生から引き続き学ばせていただいている．

　田代洋一先生と萩原伸次郎先生には，ご多忙のなか，博士論文の審査の労

あとがき

を取っていただきました．本書の中心課題は経済構造改革による農業部門への影響と多国籍企業の動向を分析することであり，農業経済論と多国籍企業論がご専門の両先生からの指導がなければ本書を書くことは出来ませんでした．田代先生には博士論文の出版を勧めていただき，自身のやってきたことに対して大きな自信を得ることが出来ました．

国際金融研究会／国際経済政策研究会では，上川孝夫先生を始めとした参加者のみなさんに，金澤先生の研究会では井手英策先生および研究仲間のみなさんに公私にわたり大変お世話になりました．

大学院での研究生活は，自身の研究を通じて社会とどう関わっていくかを問い続ける日々であり，この意味で，横浜国立大学の先生方からは，社会に突きつけられた課題に対し理論的に応えていく姿勢を学び，何事にもかえがたい充実した時間を過ごすことができました．本書が先生方から教わったことに応えるだけの内容になっているかはなはだ心許ないが，ひとまず，これまでの研究をここにまとめ，これからも，学問の楽しさと厳しさを教えていただいた先生方の学恩に報いることができるよう，新たな研究に取り組んでいきたいと思います．

インドネシアの研究を進めるにあたっては，「アジア政経学会」，「国際経済学会」，「日本地方財政学会」，「アブラヤシ研究会」などでコメントをいただいた方々や，在インドネシア日本大使館および国際協力機構審査部のみなさん（ともに筆者在職時）を始め，多くの人に貴重なアドバイスをいただきました．現地調査では，Erna Setyaningsih さん，Lufi Wahidati さん，入野彰夫さん，豊永泰士さんのご協力がなければ，調査は計画通りに進みませんでした．また，調査で訪れた地域の農家のみなさんは，筆者の調査を歓迎し，忙しい農作業の傍らで経営状況について細かく教えていただきました．なお，調査に要した費用については，日本学術振興会の特別研究員制度や公益財団法人クリタ水・環境科学振興財団の研究助成の支援を受けている．

2012年4月より所属している明治学院大学国際学部では，自由で学際的な研究・教育環境のなかで，涌井秀行先生や勝俣誠先生を始め，多くの先生

方との議論から刺激を受けている．また，ゼミや講義を通じた学生への指導のなかで，自分では理解しているつもりであったことが実は理解できていなかったり，言葉足らずで自分の考えていることを伝えられなかったりすることが多いことに気づき，自分の研究を相手に伝えることの難しさを日々感じている．もし，本書の内容が少しでも読みやすくなっているとすれば，それは学生のおかげである．

　日本経済評論社の清達二さんには，厳しい出版事情の折にもかかわらず本書の出版をお引き受けいただいた．出版が決まってから，就職や転職が重なり，思うように筆が進まず，清さんには多大なご心配とご迷惑をおかけすることになってしまった．辛抱強くお待ちいただいたことに心よりお礼を申し上げる．また，出版に際しては，横浜国立大学社会科学系創立80周年記念「博士論文出版助成（鎗田出版助成基金）」の交付を受けている．基金の創設者である鎗田邦男さんとは，たびたび研究会でお会いする機会があり，年齢を重ねても好奇心を失わず，新しいことに挑戦していくその姿勢から，勇気を与えられている．出版助成のご支援とともに感謝申し上げたい．

　最後に，私事ながら，必ずしも楽ではない研究の道を選んだ筆者を見守ってくれた父・春樹，毎日のように箱根や足柄の山々に出かけ，野鳥の生態を調査する市井の研究者であり身近なお手本でもあった母・ウメ子，そして，筆者の良き理解者であり，時に研究の話し相手になってくれている妻・綾子に本書を捧げる．

　2012年10月　故郷の山々を望むキャンパスにて

賴　　俊　輔

索引

［欧文］

ADB　60, 74, 131
ADM　125-7, 174
AFTA　46
ASPADIN　83, 85-6
BRI　13, 38, 52, 57, 66, 70
BRICs　1
BULOG　13, 20, 32, 44, 51, 53-60, 62-7, 69-72, 171-2
DAK　157
DAU　157
FELDA　121, 125, 127, 131, 174
FFB　106, 140, 142
GAPKI　117, 119, 129
GVC　13, 16-7, 25, 174
HGU　144, 146, 153
IBRA　7, 35, 37, 121
IMF　6, 22, 24, 27, 33-6, 60, 62, 66, 70, 117-8, 175
──プログラム　2, 4, 9, 20-1, 33-9, 44, 47, 60-1, 84, 171
INPRES　157
IOI　121, 125, 127, 130
IOMP　77-8
IPAIR　77-8, 97
KKN　36
KKPA　133-4, 136-7, 146-7
KLBI　20, 56-9, 61-3, 66, 69-71, 171
KLクポン　121, 126-7, 174
KUD　54-5, 57, 71-2, 134, 137, 139, 142, 152
PKO　106
RBD　106, 122
RSPO　146, 165-8
SBI　33-6

VOC　101-4, 128
WATSAL　78-9, 81, 97
WTO　10, 46-7

［あ行］

アグリビジネス　11, 15, 18, 20-1, 24, 32-3, 44-6, 48-9, 101, 104, 119-20, 124-8, 151, 173-5
アストラ　127, 173
アダム・スミス　103
アブラヤシ　18-9, 21, 32, 101, 104-8, 112, 114-9, 121-2, 125-7, 129-1, 133, 135-40, 142, 144, 146-54, 159, 161-5, 167-8, 173, 175-6
移住　115, 131-3, 136, 139, 148-50, 152-4, 175
一次産品　2, 13, 16-8, 114, 129, 174
一期作　75, 97
インフラ　5, 7, 27, 32-4, 43, 45, 48, 97, 116, 124, 133, 159
インフレ　1, 3, 7, 28, 36, 38, 48, 51-2, 54, 56, 60, 62, 69, 73, 84, 171
インマス計画　52-3, 69-70, 73
ウィルマー　121, 125-7, 130, 174
オイル・ショック　4, 27
オランダ植民地
──政府　51
──期　74, 99, 104, 143
──統治　128
オリガーキー　7, 173

［か行］

外貨準備　4, 38-9, 73
外国資本　5, 27-8, 46, 84, 104, 118, 121, 127, 172
買取価格　18, 103, 139-42, 149-50, 152-3, 173,

175
開発のミクロ経済学　15, 23
外来型開発　19, 176
カーギル　126-7, 130, 174
寡占　12, 22, 127, 130, 174-5
下流（部門）　17, 46, 119, 124-7, 130
灌漑　14, 20, 32, 47, 51, 73-81, 86, 88-91, 93-7, 99, 100, 114, 171
環境の維持可能性　19, 175
慣習法　143-4, 153
カンパール
　──県　135-6
　──半島　161
規制緩和　6-7, 11, 36, 42, 46, 84, 86, 96, 118, 127
強制栽培制度　102-4, 128, 176-7
共有地の悲劇　81
ギヨーム＝トマ・レーナル　101
緊縮財政　2, 4, 7, 11, 14-5, 20, 36-7, 43-4, 51, 60-1, 63, 69, 171
クラテン県　21, 86-9, 95-6, 98-100
クローニー資本主義　36
グローバリゼーション　11, 13-5, 18-9, 42-3, 47, 86, 101, 127, 174, 177
経済危機　2-3, 5, 9-11, 13-4, 20-2, 33, 36, 39, 42, 44, 48, 60 - 1, 63, 66, 72, 78 - 9, 84, 96, 117-8, 120-1, 124, 127, 147, 171, 173-4
原油価格　4, 21, 27-8, 38, 76, 113-4, 125, 140-2, 175
耕作放棄地　91, 93
構造改革　2, 7, 9, 11, 14, 20, 22, 27, 33, 35, 60, 79, 86, 127, 171, 173-5
構造調整　4, 9, 14, 17, 20-2, 27-8, 30-3, 44, 47, 76, 78, 81, 96, 119, 126-7, 171
高付加価値　17-8, 25, 31-2, 81, 123, 150
国債　36, 38-9, 40-2, 48-9, 141
国際収支　39-40, 78
国家資本主義　16
コメ　2, 10, 13-4, 20-1, 23, 31-2, 44-5, 47, 52, 56, 59, 73, 75-6, 78, 87, 89, 91, 93-4, 96, 99, 102, 136, 147, 152, 161, 171-2, 176
　──自給　51, 53, 57-8, 73, 76, 171
　──政策　73, 171-2

──増産　53-4, 56, 58, 60, 63, 68, 73-4, 77-8, 171-2
──調達　55, 59, 62-3, 65-7, 69, 71-2, 171
──備蓄　58, 65, 177
──輸入　59-61, 64-5, 67, 71, 172

[さ行]

財政赤字　5, 9, 15, 37-8, 47, 60, 79, 171
財政規律　14, 37
サイム・ダービー　121, 125, 127, 130, 174
搾油　18, 21, 106 - 7, 109, 115, 122, 129, 133, 135, 137, 139, 141, 150, 163, 165, 173
サリム　120-1, 127, 173
三期作　75, 89
資源価格　16, 22
市場原理（メカニズム）　7, 12, 21, 31, 47, 81, 174-5
市場の失敗（欠陥）　12, 19
持続可能（性）　18-9, 146, 165-7
失業（率）　2-3, 9, 95
シナール・マス　114, 119-20, 165, 173
ジニ係数　22
奢侈品税　29-30, 84
自由化　2, 4, 6-7, 9, 12-5, 20, 23-4, 33, 36, 42, 46, 54, 60-1, 64-5, 67, 71, 105, 118, 171-2
小農　15, 24, 115-6, 118, 129, 132-5, 137-42, 147, 149-51, 172-5
消費者米価　54, 56, 59, 63-5, 67, 69-70
商品連鎖　16-8, 25, 123, 174
上流（部門）　17, 46, 119, 124-5, 127, 130
食糧保証融資　67
所得税　5, 29-31, 37, 43-4, 47-9, 95, 157-8
所得の再分配　44, 47-8
シーリング・プライス　54, 56, 70
新古典派　12, 81
（新）自由主義　6-9, 11, 19-20, 22, 27, 96-7, 171, 173-4
垂直的公平性　31
水利組合　21, 77-8, 96-7
水利権　80, 97-8
趨勢自給　58-60, 65, 70, 73, 171
スカルノ　5, 27, 69, 104, 143
スハルト　3, 6-7, 9, 11, 27, 32, 34-5, 45, 51-3,

61, 64, 71-3, 77, 98, 115, 121, 127, 143-4,
　　146, 152, 155-6, 160, 169, 171, 173
スルヤ・ドゥマイ　120-1
税歳入分与　158
生産技術（の高度化）　12, 15, 18
生産者価格　13, 18
生産者米価　20, 53-5, 58-9, 63, 65-71, 172
政治経済学　9, 11-2
生態系　19, 21, 161-3, 167-8, 175
制度の経済学　12, 23
政府の失敗　12, 19
世界銀行　6, 27-8, 60, 74, 76, 78, 80-1, 98, 115, 131-2, 134, 175
世界金融危機　5, 43, 175
世界システム論　16-7, 24-5
素材的な特徴　18-9, 148-50, 175

[た行]

第5次5カ年計画　32, 58, 76, 104, 127, 173
多国籍企業　11-2, 15, 21, 24, 82, 84-6, 96, 99, 124, 126-7, 151, 171, 173-7
ダノン　84-5, 88-90, 95-6, 98, 100
短期資本　2, 14, 39
小さな政府　36, 38
地下水利用税　95
地方自治　19, 152
　　──体　19, 95, 116, 155-8, 167
　　──法　156, 168
　　──補助金　157
地方分権　95, 116, 155-8, 160, 167-8
チュア　8, 173
中央銀行　3, 20, 48, 56-9, 61-2, 66, 69-70, 133, 171
中央集権　7-8, 19, 77, 155-7
中央地方財政均衡法　156-7, 168
中核農園システム　32, 115-6, 118, 129, 131-5, 147-50, 153, 171
通貨危機　1-2, 4, 22, 33, 36, 48, 60, 98
泥炭地　19, 21, 160-5, 167, 169
低付加価値　122-4, 126-7, 129, 174
天然資源歳入分与　158
独占　12, 102-4, 112, 175
土地基本法　143, 153

土地所有権　46, 143
土地建物税　29-31, 95, 158-9

[な行]

内発的発展　19, 176
二期作　75, 89
二酸化炭素　113, 164, 167
燃料補助金　38, 48, 60, 67, 114
農園企業　11, 21, 101, 104, 117, 119-22, 126-7, 130, 132-5, 141, 143-4, 146, 148-53, 165, 167, 171, 173, 175, 177
農園労働者　134-5, 138, 147, 149-52
農業開発計画　45-6
農業経営融資　14, 20, 57, 70-1
農業政策　11, 13-6, 20, 33, 101, 171
農業の工業化　15, 174
農業部門　9-11, 13-4, 18, 20-2, 27, 31, 33, 44, 45-7, 60, 67, 104, 119, 122, 126-7, 171, 173

[は行]

バイオ・ディーゼル　112-4, 122-3, 125-6, 128-9, 140, 173
ハーヴェイ　81, 174
バクリー　120-1, 127, 173
バークレイ・マフィア　6
パーム油　13, 18, 20-1, 32, 47, 60, 101, 104, 106-7, 110-7, 120, 122-30, 138, 142, 146, 151, 165-8, 171, 173-4, 176
パーム原油（CPO）　22, 106-7, 111-3, 117, 122-9, 139-42, 151, 163, 172, 174
非対称性
　権力の──　12
　情報の──　17
ビマス計画　52-3, 69-70, 73
肥料補助金　14, 31-2, 44, 60, 67, 71, 99, 100
貧困　2, 9-10, 12, 15, 23-4, 28, 31, 47, 63, 66, 71, 131, 148, 172
　　──削減　15, 19, 24, 46, 69
付加価値税　5, 29-30, 37, 43, 47
不在地主化　19, 149-51, 153-4, 175
物品税　30, 37
プランテーション　10-1, 32-3, 44-8, 60, 101,

103-5, 114-6, 129, 135, 144, 155, 158, 160-2, 168-9, 172, 176-7
不良債権　2, 7, 40, 121
プルトクラシー　8
プレビッシュ＝シンガー　16
フロア・プライス　53-5, 58, 70
プログラム・ローン　79
プロジェクト・ローン　79
分益小作制度　15
米価安定政策　13-4, 20, 51-3, 56, 60-1, 63-4, 66-70, 73, 171
米作　11, 14, 20, 23, 44, 52-3, 56, 68, 72, 86-8, 91, 93, 96, 136, 163, 169
　　──農家　2, 20-1, 24, 67-9, 86, 89, 93, 99
法人税　5, 29, 43, 49
ボトル入り飲料水（ボトル水）　21, 81-6, 88, 96, 98-9

[ま行]

水開発権　80-1, 98
水資源　78-81, 97-8
　　──政策　73, 78-9
　　──法　21, 79-81, 98
水利用権　79-80, 97

緑の革命　73, 87
ミュルダール　103
ミレニアム開発目標　83
民営化　7, 9, 36-8, 60, 83, 98
ムシン・マス　144-6

[や行]

輸出関税　30, 116-7, 123-4, 127, 129, 172
輸出指向（工業化）　4, 11, 20-1, 28, 30-1, 33, 45, 48, 104, 115, 122, 126-7, 173
ユドヨノ　6, 46
輸入関税　5, 30, 128
輸入代替工業化　4, 23, 27-8, 31, 76, 104
輸入米　52, 59-60, 63, 65-6, 69, 71, 73
ユニリーバ　125, 166

[ら・わ行]

ラジャ・ガルーダ・マス　119-20, 127, 173
リーマン・ショック　1, 5, 22, 39, 141
流通業者　17, 54-6, 61, 64-7, 69, 72, 99, 114
レント　12, 78
ロビソン＝ハディズ　7-8, 173

ワシントン・コンセンサス　22

著者紹介

頼　俊輔（らい　しゅんすけ）

明治学院大学国際学部専任講師．1977年生まれ．横浜国立大学大学院国際社会科学研究科博士課程後期（経済学博士）．在インドネシア日本大使館専門調査員，日本学術振興会特別研究員，国際協力機構審査部専門嘱託を経て現職．著作に，「経済危機後のインドネシアにおける政府間財政関係：一般配分金と天然資源歳入分与の分析から」『地方財政の理論的進展と地方消費税』（日本地方財政学会研究叢書18），2011年，「途上国の水道事業民営化：インドネシア・ジャカルタの事例から」『水と森の財政学』日本経済評論社，2012年ほか．

インドネシアのアグリビジネス改革
　輸出指向農業開発と農民

2012年11月22日　第1刷発行

定価（本体3800円＋税）

著　者　頼　　俊　輔
発行者　栗原　哲也
発行所　㈱日本経済評論社
〒101-0051 東京都千代田区神田神保町3-2
電話 03-3230-1661／FAX 03-3265-2993
E-mail: info8188@nikkeihyo.co.jp
振替 00130-3-157198

装丁＊渡辺美知子　　　太平印刷社／高地製本

落丁本・乱丁本はお取替いたします　Printed in Japan
© RAI Shunsuke 2012
ISBN978-4-8188-2244-3

・本書の複製権・翻訳権・上映権・譲渡権・公衆送信権（送信可能化権を含む）は，㈱日本経済評論社が保有します．

<JCOPY> ㈳出版者著作権管理機構　委託出版物
本書の無断複写は著作権法上での例外を除き禁じられています．複写される場合は，そのつど事前に，㈳出版者著作権管理機構（電話 03-3513-6969，FAX 03-3513-6979，e-mail: info@jcopy.or.jp）の許諾を得てください．